冬毛 – 1

冬毛 – 2

冬毛 – 3

冬毛 – 4

妊娠哺乳 – 1

妊娠哺乳 – 2

饲料及消化代谢-1

饲料及消化代谢-2

饲料及消化代谢-3

饲料及消化代谢-4

饲料及消化代谢-5

育成-1

育成 – 2

育成 – 3

育成 – 4

育成 – 5

准备配种 – 1

仔兽 – 1

准备配种 – 2

仔兽 – 2

准备配种 – 3

仔兽 – 3

如何办个赚钱的
狐家庭养殖场

◎孙伟丽　王凯英　主编

中国农业科学技术出版社

图书在版编目（CIP）数据

如何办个赚钱的狐家庭养殖场 / 孙伟丽，王凯英主编 . —北京：

中国农业科学技术出版社，2016.4

（如何办个赚钱的特种动物家庭养殖场）

ISBN 978 - 7 - 5116 - 2331 - 7

Ⅰ. ①如…　Ⅱ. ①孙…②王…　Ⅲ. ①狐 – 饲养管理　Ⅳ. ①S865. 2

中国版本图书馆 CIP 数据核字（2015）第 252759 号

选题策划	闫庆健
责任编辑	闫庆健
责任校对	贾海霞

出 版 者	中国农业科学技术出版社
	北京市中关村南大街 12 号　邮编：100081
电　　话	（010）82106632（编辑室）　　（010）82109704（发行部）
	（010）82109709（读者服务部）
传　　真	（010）82106625
网　　址	http://www.castp.cn
经 销 者	各地新华书店
印 刷 者	北京华正印刷有限公司
开　　本	850mm ×1 168mm　1/32
印　　张	9. 625　彩插 8 面
字　　数	205 千字
版　　次	2016 年 4 月第 1 版　2016 年 4 月第 1 次印刷
定　　价	32. 00 元

前　言

　　狐皮华丽高贵，在世界裘皮市场一直受到欢迎。随着人们对狐皮制品需求的增加，狐的养殖量越来越大。我国狐养殖从北到南按黑龙江、吉林、辽宁、内蒙古自治区（全书简称内蒙古）、宁夏回族自治区（全书简称宁夏）、新疆维吾尔自治区（全书简称新疆）、陕北、河北、山东、苏北分布，其中，以黑龙江、河北、山东三省养殖量最大。养狐不但增加了养殖户收入，而且对提升当地农业经济水平和促进农业结构调整贡献很大。

　　随着养殖规模的扩大，影响养殖效益的因素也渐渐显现。饲料资源越来越紧张，价格上扬，成本增加；各种危害狐健康的疾病如犬瘟热、肠炎、肺炎、肝炎、加德纳氏菌病不断发生，给饲养者造成重大经济损失；养殖规模扩大后，对科学管理和新技术应用有更强需求……只有加强管理、降低成本、提高繁殖成活率和皮张质量，才能增加养殖效益。因此，普及和提高狐养殖关键技术，帮助养殖者解决遇到的问题，是我们面临的突出任务。

为普及科学养狐知识，我们收集了国内外成功的养狐经验，根据饲养过程的实际情况，整理成狐养殖关键技术，编辑成本书。本书包括：狐养殖场建设、狐营养需求、饲料配制、各时期饲养管理、高效繁殖、常见病防治、产品初加工技术及养殖场成本核算，力求使刚进入狐养殖业的从业者在实际操作时有数据可供参照，也可帮具有一定养殖经验的朋友掌握新的技术，增加收入。

由于我们掌握的资料有限，且水平有待提高，即使有不足的地方，也恳请广大读者和同行给予理解批评指正，以使我们更丰富，并得以改善，为狐养殖业的高效发展做出贡献。

编　者

2015 年 7 月

目　录

第一章 绪 论

第一节 狐的经济价值

一、狐皮的经济价值

　　狐属小型肉食性动物，其主要经济价值在其毛皮。狐皮外观色泽亮丽、华贵，手感轻柔、丰厚，绒感细腻，其皮板坚韧轻柔，富有弹性，适合裁剪缝制，是裘皮服装的主要原料，可制作高档的裘皮大衣，同时可用于装饰服装的衣领、袖口、帽子等。具有美观、华丽、轻柔、保暖、穿着舒适等特点，具有极高的市场价值。

　　狐皮是国际高档裘皮的主要原料之一，近年来世界狐皮的产量约6 000万张/年，占据着毛皮生产量的半壁江山，在国内外裘皮市场很受欢迎。由于狐皮用途较貂皮、貉皮宽泛，且狐皮服装的制作，受国际皮草及服装流行趋势的影响较小，市场秩序良好，需求稳定，所以经济效益相对稳定。

二、狐副产品的经济价值

● （一） 狐心 ●

狐心具有很高的药用价值。中国农业科学院特产研究所制药厂以狐心为主要原料，配以其他中药生产而成的利心丸，对治疗风湿性心脏病、充血性心力衰竭有独特疗效。

● （二） 狐油 ●

狐油，是从狐皮下及肠系膜脂肪组织取得的脂肪油，再经加工、精制而成的。因为狐有独特的味道，只有精制加工后才可利用。且狐油属于营养性油脂，含有丰富的不饱和脂肪酸，安全、无刺激性，在皮肤上极易扩展且具有良好的皮肤渗透性，易于被皮肤吸收，同时具有优良的紫外线吸收性能及良好的抗氧化性，所以，在生产中是用作高级化妆护肤品的良好原料。同时对治疗湿疹、烫伤等有一定作用，在工业上也是生产香皂的优质原料。

● （三） 狐肉 ●

狐肉营养丰富，蛋白质含量可与鸡肉媲美，但是，因为其特有的"气息"，所以，需经过再加工除味才可以作为一种具有独特风味的野味佳肴。此外，正常屠宰的健康狐肉经熟化处理后还可作为其他非同种动物的饲料来源。

● （四） 狐鞭 ●

用狐的睾丸和阴茎（狐鞭）配合其他中药制成的药酒，具有滋补壮阳的功效。

● （五）狐粪 ●

狐粪是农作物的优质肥料。其含氮量高，经发酵处理后的狐粪可以用来作优质农家肥。经高温或无害化处理后，还可用来喂鱼等动物。

● （六）其他副产品 ●

狐的内脏，如肝脏、内分泌腺等，可提取后加工制药。

总之，狐全身是宝，经充分利用可以增加收益，提高其经济价值。

第二节　当前我国狐养殖的现状和发展趋势

一、当前我国狐养殖的现状

● （一）养殖规模、数量和分布特点 ●

目前，我国狐养殖量达到2 000余万只，占世界养殖量的近1/3。主要分布在山东、河北、辽宁、吉林、黑龙江等地，其中，山东、河北和辽宁养殖数量占全国饲养数量的85%左右。目前，吉林、黑龙江狐养殖业发展也非常迅速，利用我国东北地区气候寒冷的环境优势，可使优质狐皮具有明显的市场竞争力。

● （二）养殖水平及形式 ●

狐养殖属于特种养殖行业。狐的驯化时间短，具有部分野生性，饲养上有一定的难度，技术要求较高，从前平均养殖水平较低。狐的一些生产性能指标与传统畜牧业相比处于较低水平。如狐繁殖成活率约为 70%，仔狐饲养死亡率较高等，严重地阻碍了狐养殖业健康良性的发展。

随着近几年我国劳动力生产成本的增加，规模化机械化的狐生产逐渐增多，而且已经占到了主导地位。和前几年狐养殖业主要以个体小规模饲养为主的状态不同，如今最小的经营规模一般超过 200 只种兽，一些大型的私人养殖场规模可以达到 2 万~3 万只种兽，且拥有专业技术人才，具有一定的经验和技术优势。较小规模个体养殖户一般没有固定的专业技术人员，而是饲养者集技术员、饲养员、饲料购销员等职务于一身，专业分工差，技术相对薄弱，难以解决在生产中的问题，这种养殖户抗风险的能力较弱，在生产过程中对饲料、兽药等经销商的依赖较多。

● （三）养殖的科技支撑 ●

科技支撑是狐养殖业效益的关键。从关系到动物品种好坏的育种技术、重大疾病的预防监控、饲养技术的进步，到动物行为管理水平的提高，无不影响着狐养殖业的经济利益。我国以中国农业科学院特产研究所的科研机构的科技人员为突出代表，他们经几十年的科学研究与努力，研制出治疗狐犬瘟热、细小病毒性肠炎、传染性肝炎、加德纳氏菌等疾病的疫苗，有效地控制了威胁狐健康的几类重大传染病，为狐的稳定生产作出了巨大贡献。同时，在狐的繁殖成活技术、配种技术、新品种选育等领域贡献很多，极大地增加了狐养殖业的经济效益。

目前，狐营养调控技术的应用较为薄弱，不同地区狐饲料供应的营养状况差别很大。由于营养调控技术的复杂性，人们很难把握狐适宜的营养成分水平，致使狐的生产性能难以正常发挥，从而影响了狐养殖的经济效益。

● （四）养殖的市场氛围 ●

我国狐养殖直接面对市场，市场毛皮价格的变化影响着养殖者的生产效益、投入、饲养水平变化、新技术应用等多方面因素。由于我国目前没有较为规范的毛皮拍卖行，广大养殖户及场家皮张的出售均通过中间商买卖的方式，所得利益很难得到应有的保护。根据利益最大化原则，中间商在收购皮张时会进行压价，卖出时又尽可能抬价，在一定程度上分割了养殖户的利润。目前，由于狐皮张加工在我国所占比重很大，一些大型养殖场会把皮张直销到加工企业，有利于保护养殖者的利益。

● （五）国际狐养殖形势对我国的影响 ●

我国狐养殖与发达的狐养殖国的养殖比较还有一定差距。发达的狐饲养国拥有价格相对低廉的饲料来源，较为成熟的技术体系和市场服务体系等优势。近些年来，中国已经成为全球最大的裘皮生产与加工中心。目前，世界裘皮消费中心、加工中心和裘皮动物养殖中心正在由发达国家转移到中国。随着中国经济的快速发展，中国裘皮市场潜力非常巨大，前景看好。

国际毛皮市场价格近几年相对稳定，而且略有升高，这有力地促进了我国狐产业的发展。虽然在饲料来源、技术成熟度及服务体系方面我们较为薄弱，但较高的毛皮市场价格和利润空间支撑了相应产业的快速发展。

● (六) 我国经济形势对我国狐养殖行业发展的影响 ●

我国狐养殖产业的快速发展是在我国经济快速发展的大环境下呈现的。我国经济的快速增长是保证狐产业发展的后盾。目前，随着我国经济的发展及人们生活水平的提高，对裘皮的需求也日益增加。与前些年以出口为主导的裘皮服装市场相比，目前国内市场的增长，已促成裘皮服装经济的主导市场，这使得支撑我国裘皮工业发展的狐养殖业发展迅速，同时也具有了相对较高的利润。

狐产品——狐皮属于高档产品。当国家或世界经济形势发生变化的时候，高档裘皮市场首先受到冲击，而中、低档裘皮（如羊皮、兔皮等）市场却可能继续保持活跃。我国经济持续快速的增长为我国乃至世界狐产业的发展提供了强大动力，保证了狐养殖业的较高利润，使得许多投资转移到这一高利润行业，促进了产业的快速增长，同时也满足了我国人们生活水平提高带来的物质需求。

二、我国狐养殖业发展的趋势

● (一) 个体机械化规模经营是发展的趋势 ●

目前，我国狐养殖业从原来的小规模个体经营及国营生产逐渐转成以个体规模经营为主。而且随着劳动力等生产成本的继续上升，生产者为了节约劳动力成本，逐渐大规模实现机械化生产。同时，国际裘皮市场是一个非常活跃的市场，又是一个价格波动的市场。以前狐的个体小型养殖非常广泛，分散在每家每户，独立经营难以掌握国际毛皮市场的走向和趋势，分析整体经济形势、掌控养殖规模乃至及时调整经营方向的能力有限，抗风险能力较弱，逐渐在市场竞争中被淘汰出局。个体规模化、机械化经营是今后狐养殖行业发展的趋势。

经济在发展过程中总是要经历一个整合的过程才能逐渐成熟。狐养殖业将从高利润形式下的个体独立分散经营，走向较低利润条件下的个体联合经营或个体规模经营，以适应市场及经济环境的变化。狐养殖行业技术要求高、风险大、市场变化活跃，个体规模经营将是能适应较低利润环境的经营模式，在市场竞争中将处于优势地位。由于预测到这种发展趋势，我们非常鼓励目前很多省份成立行业协会，以壮大行业队伍。把小力量合并成大力量，共同面对市场的变化，保护养殖者的利益。

● （二）养殖标准化将是发展的方向之一 ●

随着狐养殖业的规模化及机械化生产的发展，养殖的标准化将逐渐在有一定规模的养殖场实施，这是与国际接轨的重要步骤。标准化将有利于生产规格统一的毛皮，方便开展饲养及管理，预防重大疾病，提高动物福利和生产效益，改善饲养环境，降低生产成本，增强我国毛皮产品的国际竞争力。标准化也有利于市场的规范化，促进产业的良性发展。在我国经济快速发展的今天，标准化是产业发展的必然趋势。

● **（三） 配合饲料及冷鲜饲料配送体系将成为我国狐饲养的主要饲料来源●**

狐配合饲料产业在近几年得到了迅速的发展。占狐饲料组成 20% 左右的配合饲料主要由膨化玉米、少量豆粕、维生素、微量元素、氨基酸及生物制剂等组成。提供给养殖单位时，再配以鲜海杂鱼、碎肉、鸡架、鸭架等动物性饲料，形成部分大中型狐养殖单位的主要饲料体系。这一体系将繁荣较长的时间，也将是在我国饲料资源条件下狐饲料产业发展的方向之一。

狐为肉食动物，海杂鱼、肉、蛋、奶及动物下杂等为狐的主要饲料来源。肉、蛋、奶价格较贵，海杂鱼曾经是我国狐的主要饲料来源，但目前由于我国近海渔业资源的过度捕捞，海杂鱼日益稀少，捕捞成本增加，加上我国季节性海上禁渔，使得狐主要饲料海杂鱼的价格升高，储存成本增加。规模化狐养殖业在山东部分集中养殖区，冷鲜饲料公司化配送体系将成为狐饲养的主要饲料来源。对狐而言，鲜饲料适口性好，消化代谢率高，鲜饲料有利于动物对营养物质的有效利用。集中养殖区，公司化规模化的狐鲜饲料加工配送有利于实现狐的精细化养殖和其成本控制及技术推广，促进地区性狐的科学养殖和高效生产，是未来发展的方向之一。

● **（四） 良种推广及自身育种工作的进步将引领企业增强自身竞争力●**

狐养殖行业，良种是关键。我国有自己的一些优良品种，同时也引进了许多性能优良的国外品种，对其进行改良和大规模的饲养，为我国狐养殖产业的发展做出了巨大贡献。动物育种工作比较繁杂，周期长，规模要求大，投入多，国内很少单位能长期坚持开展狐的育种工作。但作为养殖行业，没有自己的专有特色品种，很难具备自己的核心竞争力。同时，引进品种和原有优良品种如果不进行有计划的改良提高，退化也将非常严重，难以保证持续的优良特性，会从根本上影响产业的发展。

随着我国狐产业的发展，个体规模经营进一步扩大，育种工作的重要性将被广大养殖户进一步认识。良种推广及自身育种工作的进步将引领企业增强自身竞争力，同时也将给企业带来丰厚的利益。

● （五）重大疾病的预防和监控能力将进一步加强 ●

目前，影响狐产业的几类疾病基本能得到很好的控制，使得产业的发展持续稳定。但是随着狐新品种及引进品种的推广，以致新的传染病可能威胁狐产业的持续发展。国家为了稳定产业的发展，控制人及动物传染病，加大了对重大疾病的研究经费的投入，增强人为控制能力，使控制力进一步得到加强，使得重大疾病的预防和监控能力进一步提高。目前，对影响狐产业的阿留申病及典型性肺炎、流行性腹泻等都在中国农业科学院特产研究所开展了深入的研究，这将有力地控制疾病的流行，保障产业的稳定发展。

● （六）提高狐皮质量促进产业稳步发展 ●

影响狐养殖及相关行业的因素很多，而市场因素的影响，直接关系着行业的整体利益。在我国，狐产业应稳定发展，不能过分追求数量，要在追求质量和稳定利益为主的前提下逐步发展。鼓励和引导狐养殖相关行业健康地延伸和发展。如：皮张拍卖行、狐饲料业、裘皮时装设计和生产等。未来我国狐的养殖将从重数量到重质量的方向发展。高质量的皮张价格稳定，更受市场欢迎，这是产业健康、持续、稳定发展的方向。

● （七）动物福利与污染治理是未来发展的必由之路 ●

我国狐的养殖相对粗放，对环境卫生及动物福利的关注不如欧美国家。良好的环境卫生与福利有利于提高动物的健康水平和疾病抵抗力，对预防重大传染性疾病、提高生产性能和皮张质量都有非常重要的作用。

随着我国经济的发展及人们认识的提高，保障动物福利，更有效地发挥动物的生产性能是未来狐养殖需要加强的领域。让狐生活在干净舒适、适度宽松的笼舍，保证充足的饮水和足够的食物、卫生防疫、安乐的处死等，都是可以使之有效发挥动物生产性能、人性化保障动物生活的要求的好办法。

狐养殖粪尿污染对环境的破坏性大。因为狐粪尿含有更高浓度的氮和磷，养殖气味重，如果要消除对空气、土壤及水体的污染，必须开展粪尿的无害化处理，变废为宝。通过发酵或净化处理后还田，这符合我国当前提出的建设绿色家园的要求，也是未来行业发展的必然。

● （八）饲养成本上升是产业发展的必然，应开发多种饲料，合理利用当地饲料资源 ●

动物饲养最大的成本为饲料成本，占到总成本的70%以上，而决定狐饲料价格的主要因素为蛋白质和脂肪水平。狐为肉食动物，饲料中蛋白质所占比重大，特别是优质的动物性蛋白占饲料比例高，直接影响着饲料的适口性和有效利用率。而在我国未来发展的五年，将近50%的蛋白质类饲料依赖进口，优质动物性蛋白质饲料将长期处于紧缺状态，价格将持续走高，必将导致狐养殖行业饲养成本增加。这是未来我国狐养殖业将要面临的主要矛盾。所以加强狐饲料营养需要的研究，开发多种为狐饲养有效利用的新的饲料资源非常重要，不同地区应合理利用当地的饲料资源，如：肉禽加工厂的下脚料、冬季冻死的羔羊肉、肉类加工企业的副产品等，将有效降低狐的饲养成本。

第二章　狐的生活习性

　　蓝狐是一种名贵的毛皮动物，其皮毛颜色光润，轻柔保暖，是一种高档裘皮原料，在国际毛皮市场中占据重要地位。白古以来，蓝狐毛皮就受到皇家贵族们的追捧。随着生活水平的不断提高，人们对于蓝狐毛皮的需求量逐渐加大。野生蓝狐毛皮产量已不能够满足人们的需求，故蓝狐的人工饲养技术渐渐兴起。

　　蓝狐的人工饲养最早可追溯到 1750 年。18 世纪 70 年代，人们开始驯养捕获的野生仔狐。到了 20 世纪初期，欧洲、北美等地已经存在大规模的蓝狐商业性养殖，并培育出了著名的芬兰狐。与国外相比，我国蓝狐养殖业发展相对较晚，最早可追溯到 20 世纪 50 年代末期。经过多年的努力与发展，目前，我国蓝狐养殖业已初具规模，约占全国珍贵毛皮动物存栏总量的 60%。蓝狐具有耐寒怕热的生理特点，故我国蓝狐养殖业主要分布在长江以北的温寒带地区。虽然我国蓝狐养殖业已有 60 多年的发展历史。

第一节　蓝狐的生物学特性

一、狐的分类和生活习性

　　狐在动物学分类上属于脊索动物门，哺乳纲、食肉目、犬科、狐属。狐分为两个属,狐属和北极狐属。蓝狐又名北极狐,蓝狐的自然分布区在亚洲、欧洲和北美洲接近于北冰洋沿岸及附近岛屿上的苔原地带。为了适应寒冷的自然气候条件,蓝狐体内常储存大量脂肪。成年公狐的平均体重为5.5~7.8kg,体长为55~75cm,尾长为25~30cm,成年母狐平均体重为4.5~6kg,体长为55~65cm,尾长为25~30cm。自然状态下,蓝狐的被毛冬季为白色,在雪地上奔跑时,被毛经阳光照射有蓝色反光,故称为蓝狐。在春夏秋季节,蓝狐被毛为浅灰或深灰色。经过长期的自然选择及品种进化,蓝狐的被毛颜色也发生了一些突变,这些突变体统称为彩色北极狐。

蓝狐是季节性繁殖动物,每年繁殖一次。发情配种期为2月中旬至5月上旬,一般在发情后的第三天白发性排卵,成熟卵泡并非一次排出,第一个和最后一个卵泡的排出时问间隔约为5~7天。故生产中为了提高受孕率和产仔率,蓝狐配种常复配2~3次。蓝狐怀孕期平均约为52天(4 958天),每年4~6月期问产仔,胎产仔数一般为7~13只。蓝狐幼仔一般9~11月龄达到性成熟,平均寿命8~10年,种用年限4~6年(你煌人等,1990)。

赤狐和银黑狐每年换毛1次,从3~4月份开始,先从头部、前肢开始换毛,其次为颈、肩和后肢以及体侧和后背,最后是臀部和尾部。新生毛生长的顺序与脱毛次序一致,7—8月份,冬毛基本脱落。春天长毛,在夏初停止生长,7月开始新的增长。北极狐春季脱毛从3月末开始,下毛更换在10月底结束,12月初或中旬冬毛基本成熟,狐皮属于晚期成熟类型。日照长短对于脱毛影响很大，如果人为缩短光照时间，冬毛可以提前成熟，在低温时，毛的生长可能快一些。

二、狐野生状态下的采食习惯

野生状态下，蓝狐的食物主要为北极兔、旅鼠、鱼类、虾类、鸟类、鸟蛋、蛙、昆虫、软体动物，也有时采食浆果、野果、野菜、贝类及其他动物的尸体充饥。野生蓝狐一般样伏夜行，傍晚和黎明外出采食，白天抱尾而卧躲在洞中。

三、狐的消化特点

与其他单胃动物相比，蓝狐的消化道较短，约为体长的 3~4 倍，胃的排空时间为 6~9 小时，食物通过消化道的时间约为 20~30 小时，主要通过消化酶水解来消化吸收营养物质。蓝狐言肠不发达，消化道内的微生物消化作用弱，不适合消化吸收高纤维饲料。狐对日粮粗纤维的消化率仅为 8%~17%（靳世厚等，1998）。蓝狐对高蛋白、高脂肪的动物性饲料的利用率较高。日粮中添加 44% 的新鲜脂肪不会对蓝狐产生不良影响。蓝狐对动物性蛋白的粗蛋白质表观消化率较植物性蛋白的粗蛋白表观消化率高。

四、蓝狐生物学时期的划分

经过长期养殖经验的总结，人们习惯将狐的生物学时期划分为准备配种期、配种期、妊娠期、产仔哺乳期、种狐恢复期和生长期等。对于种公狐来说，每年的9月中旬至次年2月底称为准备

配种期，其中9月中旬至12月初为准备配种前期，12月初至次年2月底称为准备配种后期；2月底至4月初称为配种期；4月初至9月中旬称为恢复期。对于种母狐来说，准备配种期和配种期的时期划分与种公狐一致；4月初至5月中旬为妊娠期；5月中旬至7月中旬为产仔泌乳期；7月中旬至9月中旬为恢复期。对于新生仔狐来讲，5月中旬至7月中旬为哺乳期；7月中旬至12月初为生长期，生长期又可以细分为育成期（7月中旬至9月中旬）和冬毛期（9月中旬至12月初）。蓝狐的各生物学时期之间没有明显的界限，各生理时期不能截然分开。各地蓝狐的生物学时期划分不完全一致，在时间上略有偏差，这与各地饲养品种、光照时间、气候环境、地理位置、饲料配方及饲养管理等条件不同有关。

第二节　我国蓝狐人工养殖区域的划分

由于蓝狐耐寒怕热的生活习性，我国蓝狐的人工养殖区域也均分布于长江以北的温寒带地区，主要养殖区域包括黑龙江、吉林、辽宁、内蒙古东部、河北、山东等地。

关于我国蓝狐人工养殖区域的划分尚没有统一的标准。依据地理纬度和气候特点，可分为东北生态区、华北生态区及华东生态区。其中东北生态区包括黑龙江、吉林、辽宁及内蒙古东部等地；华北生态区包括河北、天津、北京及陕西、山西东部等地；华东生态区包括山东、河南东北部及江苏北部等地。

第三章 狐养殖场建场准备与建设关键技术

饲养动物就要有养殖场。养殖场的建设、选址十分重要，合理的选址有助于生产效益提升，促进产业进一步发展。建场前应根据养殖狐的生产需要和建场后可能出现的一些问题进行可行性分析，认真调查后，科学规划合理选择建场位置。养殖场建设包括动物饲养区、饲料加工区、产品加工区及后勤服务区等。完备合理的设施建设，是为狐狸提供营养丰富的饲料、全面准确的疾病防治、高效的饲养管理的基础，具体内容如下。

第一节　养狐场选址关键因素

与养殖场选址相关的影响因素很多，可分为动物生理因素和社会环境因素。动物生理因素就是，养殖场的各方面条件都要适应狐的生物学特性，使狐在人工饲养管理条件下，能正常地生长发育、繁殖和生产毛皮产品；社会环境因素主要是结合当地社会发展水平和周围环境特点，综合考虑狐养殖场初始建设规模和规模扩大后长远的发展规划问题。具体包括以下内容。

一、自然条件

狐狸为季节性发情、随光周期变化换毛的动物，繁殖成功可获得更多仔兽、健康生长提供大尺码、毛绒优质的皮张，这是养殖获得经济效益的主要途径。所以，纬度、光照、风向等均是养殖成功与否的关键条件。我国养殖适宜区为东北地区全部、华北地区大部、西北地区大部，这样即适合狐本身的需求，又很好地利用北方的冷资源，而长江流域、华南、西南等大部分地区则不宜养殖，应在高燥、向阳、背风、易于排水的地方选址建场。一般选在坡地和丘陵地区，以东南坡向为益；而平原或平地则宜选在地势相对较高、利排水的地方建场；低洼、潮湿、排水不利、云雾弥漫地方及风沙严重侵袭的地区则不宜建场。配制饲料、狐饮用、刷洗食槽、水盒等均要大量用水，因此建场必考虑是否有充足、洁净的水源。而有异味或被病原菌、农药污染的污水或矿物质含量过高的水均不宜使用。一般由选择能大量提供的自来水或自备水井为水源。考虑到自来水价格和自备水井的受限条件等问题，养殖场应建在偏远的城乡结合部，最好在人口稀疏的农村。

二、饲料条件

饲料是建场的另一重要制约条件。因狐是肉食动物，动物源饲料（包括鲜动物饲料和动物加工副产品）的稳定供应对其尤为重要。以饲养规模为 500 只种狐（公母比例为 1∶4）

的养殖场为例，假设群平均成活 5 只，则全群饲养量约为
2 500只，全年饲养量最高约 2 500只，一年约需动物性饲料
近150 吨，谷物类饲料160 吨，蔬菜类饲料40 吨。所以狐养
殖场建场地点应是饲料来源广、运输便利的地方，如：渔业
区、畜牧业区，靠近肉类、鱼类加工厂或沿海港口等地方。
如养殖规模更大，又不具备饲料资源优势，则应建设贮存新
鲜动物性饲料的冷库。个体小规模养狐者必须就近解决各种
饲料，特别是动物性饲料。鲜动物性饲料来源紧张时可以用
鱼粉、肉粉或肉骨粉代替，但是，其消化率和性价比问题必
须作为关键约束条件。目前，新兴的"鲜料集中加工，统一
配送"饲料供应方式，养殖户也可根据自身条件加以选用。

三、社会环境条件

狐养殖场不但应建在运输便利，而且要在距离运输干线
不是太近的地方，以避免噪声影响。工厂、建筑工地、学校
等场所也不宜过近，以免给狐造成不良应激，特别是产仔泌
乳期，狐对环境安静要求尤其高，噪声水平提高直接导致仔
兽成活率降低。养狐场与畜禽养殖场和居民区保持适宜距离，
不仅利于卫生防疫工作，避免疾病交叉传染，还可避免因为
养殖污染扰民而诱发争端。这是因为狐养殖历史比其他畜、
禽都短，更易受到其他已经有一定免疫力的动物身上的病菌
的侵害，造成极大损失；接近居民区也会发生人兽共患病的
流传，除会引发狐疾病降低收益外，还有可能把一些疾病传
染给人。另外，狐粪便、尿液、腺体和变质饲料等养殖废弃

物味道难闻，对周围环境有很大影响，所以，要远离居民区。还要根据实际情况考虑养殖废弃物的处理，可以就地进行焚烧、发酵积肥等无害化处理，也可以考虑外运，由土地进行消纳，可见接近农区是很好的。资金有限的个体养殖者可充分利用已有条件，如利用房前屋后的空地搞庭院养殖，但同样要避免环境的喧闹，尽量远离畜、禽棚舍，保证夏季遮阴和冬季防寒，及时打扫清理污物、粪便，合理消毒。

第二节　建场的其他准备工作

养狐场建设中，会受到多种因素影响。考虑到这些因素，并有针对性的进行准备，才能避免建设浪费、运行艰难、带着问题生产，造成不必要的损失。针对建场过程中可能遇到的问题，我们建议大家做好如下准备。

一、外部环境调查

建场前除进行场址自然条件、饲料条件及社会条件调查外，还要考察地价、投资软环境及当地劳动力价格等与生产经营有关的问题。合理的地价、良好的投资软环境，能使养殖场建成后避免各种麻烦，如合理的劳动力价格使养殖场能够雇用技术熟练、数量合理的工人，实现经济效益最大化。相反就会造成过高的投入、资金紧张；而外部软环境不佳，就会使养殖场和当地职能部门或居民间发生纠纷，麻烦不断，最后影响养殖场的正常生产和经营，导致效益受损，或养殖项目失败。

二、市场调查

　　和发展所有产业一样，投资狐养殖业之前也需做好充分的市场调查。包括目前当地乃至全国狐饲养量是多少？近年国际、国内狐养殖量及皮张的价格变化趋势如何？狐皮如何分等、不同的等级价格如何，狐皮主要消费市场在哪，市场对哪类狐皮的需求旺盛，狐最低耗料量是多少，饲料主要由何种成分组成，主要饲料原料产地在哪，近年来供需变化趋势如何，皮兽养殖成本是多少，养殖狐销售狐皮、皮张价格达到多少，繁殖率最低达到多少，多长时间可赚回成本。修正市场信息误差后，即可得出狐养殖项目是否合理。信息时代各种信息的获取已经不成问题，至于信息的来源及可信度要凭投资者自身判断，既不可错失良机也不能冒然跟风。项目要在综合分析、评估后适时上马。狐养殖业目前在我国发展很快。在东北三省特别是黑龙江、辽宁，不仅饲养数量多、规模大，而且出现个体养殖户、小型养殖场、大型自动化养殖场同时蓬勃发展的趋势，甚至在山东、河北、宁夏等省区也陆续出现"养狐热"。这正是我国经济形势逐年利好，GDP增长率连年在8%以上，人们生活水平不断提高的发展势头，带动了对毛皮等高档服装的需求。另外，狐皮不仅制成裘皮大衣，还被加工成披肩、狐皮围脖、大衣毛领，应用领域大大增加。已从"奢侈消费品"变成了多数女性甚至是男性的普通服饰，所以市场需求得以进一步扩大。从国际上不仅亚洲、北欧是传统消费市场，裘皮产品在北美、东欧也十分受欢迎。而有的消费国不生产或因为产业变化等原因，狐养殖业已十分凋零，产品进口依赖度很高。伴随 WTO 协议履行，我国狐皮出口前景十分看好。可见科学养狐产品市场广阔，经济效益可观。

三、引种准备工作

确定了场址、完成产品市场前景评估，就要抓紧完成引种准备工作。包括对向引种目的场家，狐生产性能、疾病防治及某些疾病发病状况、繁殖性能等多方面进行调查工作。狐的体型大小、皮张长短、毛绒质量，共同决定了狐皮的价值。生产市场认可的皮张，才能获得满意的经济效益。狐很容易感染犬瘟热、细小病毒性肠炎、传染性肝炎、加德纳氏菌等多种传染病，发病后防治措施失当，即使耐过，狐体或笼舍难免成为传播病毒的"定时炸弹"，所以，引种前一定要认真考察种源场疾病发生历史、后续处置措施和效果，对近期有传染病发生、防治措施不当的场，坚决不能引种。因为种兽不提供皮张，而全群的经济效益基本是出售当年仔兽及其产品产生，所以，引进种兽的繁殖性能就成了养狐成败的关键因素，因此要在分窝前深入种源场，对其老兽、仔兽数量做个评估，分析出其繁殖成活率和平均窝产仔数，对窝平均仔兽数量不达标的坚决不能引种。此外，还要细心观察引种前，亚成体与成年狐在体型、毛皮质量上的异同，分析该群狐的生产性能遗传能力，因为有的动物其生产性能固然优秀，但是，遗传性能不佳，作为种兽使用只会造成后代生产性能下降，造成经济效益受损的不良后果。前期如不做好种兽的考察，选准兽群大、质量好、有信誉的场家，待到养殖场已建好再考察种兽的话，时间很紧，如盲目引进种兽则受骗风险较大，如一时找不到合适的场家，则建好的养殖场将白白闲置，损失都很大。其他的建场准备工作等同一般的养殖场建设，只是防疫规划要提前定好，以免建好后达不到要求造成不必要的损失。

第三节　狐养殖场必备建筑与设备

一、狐棚

狐棚是安装狐笼舍的重要建筑物，能使笼舍和狐不受烈日暴晒和雨雪侵袭，是狐场必备建筑之一。

建设狐棚主要遵循结实耐用的原则。狐棚实际就是只有棚顶、立柱，没有围墙、四周通风的棚屋，狐棚的棚顶一般为人字形，用角钢、钢筋、木材、砖石等做成支架，上面加盖石棉瓦、油毡纸或其他遮蔽物进行覆盖。棚的走向和建造要结合狐场地形、地势、所处地理位置和当地气候特点综合考虑，这对调控棚内温度、湿度、通风、光照强度十分重要。使狐棚夏季能够避免阳光直射，通风顺畅，冬季棚的两侧都能获得均匀的光照，并能避免寒风直接吹进狐窝，侵袭狐特别是幼狐。狐棚宽 3.5～4.0 米，长短与饲养量和场院大小成正比，一般在 50 米内，这样有利于合理利用空间，便于管理。狐棚除设计笼舍摆放空间外，还要有 1.0～1.2 米的过道，以便进行投食和管理。狐棚斜面设计坡度应大于 30 度，以便于排水。棚间距以 3 ~ 4 米为益，这样利于充分采光。具体介绍几种设计如下。

● （一） 双排单层笼舍狐棚 ●

标准的"人字架"顶棚，在两侧棚檐各安放一列狐笼，产箱朝向棚内过道，这种棚舍过道高 2 米，便于人员行走操作。棚檐高度为 1.1 ~ 1.2 米，能有效遮挡阳光直射，防风效果也很好，可保护狐，提高狐皮品质（图 3 - 2）。

● （二） 简易单层狐棚 ●

应用石棉瓦搭建的倾斜角度合理的简易狐棚，棚檐下安放一列狐笼，两列棚间留 1.0 ~ 1.2 米宽过道，便于人员行走操作，产箱朝向棚内过道，既能遮挡直射的阳光，又有防风效果，起到保护狐，提高狐皮品质的作用（图 3 - 3），又大大降低了棚舍建设资金投入。

二、笼舍

人工养殖狐的笼舍由金属网片制成的狐笼和箱式小室组成。建造原则是既能满足狐运动、繁殖等各种生物学需要，又结实耐用、能有效阻止狐逃跑、便于维修、合理利用空间、便于饲养人员进行喂食、添水和其他管理工作。

● （一） 狐笼 ●

笼是狐采食、交配、排便、活动的场所，一般用粗钢筋或三角钢材做成骨架，然后固定金属电焊网片而成。建造中要做好笼门以方便狐的饲喂和捕捉；笼底一般用粗一些的金属网片建造，以保证结实耐用，笼底网眼要求＜1.5 厘米 ×1.5 厘米，以防刚产的仔狐漏出狐笼，掉在地面上死亡。常用规格是：种狐笼 100 厘米 ×70 厘米 ×90 厘米。为避免接近地面受潮和被灰尘中细菌污染，狐笼一般距地面 50～60 厘米，笼与笼之间要有 5～8 厘米的距离，以免相互咬伤。活动笼门25 厘米 ×30 厘米要开关灵活，狐笼和窝箱内有突出金属丝和钉头要及时清除，以防损伤毛皮。饮水盒一般固定于笼内侧壁，以免饮水被污染。食盒可固定在狐笼侧壁，也可用"食碗架"将其固定在笼底，还可用抽屉式长方体食盒，便于不打开笼门放置和取出食盒。该类设置要求食盒为扁平长方体，食盒取出、投放口刚好能满足食盒进出，以免狐从投食口逃出。

● （二）小室（窝箱）●

  小室（窝箱）用来满足母狐产仔、哺育后代、仔狐休息及发生外界刺激时避免过度应激躲避等，一般不提供给成龄非繁殖其母狐和成龄公狐，以免其向窝箱内叼食物或有恶癖的在其中便溺，或者因为长期在小室中生活，影响狐的毛绒质量。狐窝箱多用隔热、防潮的木板制作，木板一般厚度为1.5～2.0 厘米。窝箱要留孔，与狐笼连接成出入口，孔的大小可根据狐品种、体型调节，以便其出入适宜即可（一般直径为 18～20 厘米），孔壁要光滑无毛刺以避免刮蹭狐皮，造成损失。小室出入口处可安放高 3～5 厘米高的挡板，以防止幼崽爬出窝箱。窝箱顶部要留有可开关箱盖或活门，以便方便观察和捕捉狐。窝箱口处要留有插板口，以便在配种和检查时用插板进行隔离。为避免幼狐出生时气温过低造成冻死、冻伤，可在窝箱底部和四壁埋设电热线或电热板，进行加热、控温，以提高仔兽成活率。

三、饲料加工室

我国养狐业多以自配鲜料为主，必须有一个专用饲料加工室，进行原料融化、冲洗、粉碎、蒸煮和调制，以保障安全卫生饲料的供应。室内建有融化池、洗涤、粉碎、熟制、电动机、搅拌机、绞肉机等设备，上、下水通畅，墙面、地面水泥抹光或贴瓷砖，便于清洗。饲料加工室要每天及时清理，进入饲料室要换专用靴子和工作服，无关人员严禁入内、室内工具应该专用，不得借出或由其他地方带入，以避免污染源和病原体污染，防止病从口入。

四、饲料储存室

饲料储存室包括干饲料原料仓库和冷库。谷物、豆粕等不易变质的干饲料放在饲料仓库即可，一般要求阴凉、干燥、通风、无鼠害、虫害。冷库主要是储存新鲜动物性饲料原料或易氧化变质的干粉性动物饲料，如鱼粉、肉粉等，还可以保存狐皮。冷库库容可根据当地饲料条件、常年使用大宗动物性饲料来源、养殖数量、自身资金条件等综合考虑。在养殖规模小、不具备建设冷库条件时，可建设简易冷藏室或以大容量冰柜代替。此外，北方地区无法常年生产新鲜蔬菜，为保证狐维生素供应，可建设菜窖储藏蔬菜。

五、毛皮加工室

狐皮加工包括剥皮、刮油、洗皮、上楦、干燥、验质、储存等工序，一般在毛皮加工室进行。烘干室是单独的房间，温度控制在 20～25℃，使皮张可以悬挂烘干。烘干室还要求备有热空气通风管，以便随时向烘干室吹送干燥热空气，促进皮张干燥，但是烘干速度要有专门技术人员进行控制，以免影响皮张质量。室内还要避免高温热源，以免发生与其临近的皮张干燥过快、脂肪融化浸润或皮板胶质化等危害。皮张加工室内可安放宽大、平坦案台和光强适宜的灯光、遮光良好的窗帘，以进行皮张加工前后的初步检验、分级工作。小型养殖场可不建加工室，将狐皮剥好，统一到专业加工厂进行后续加工即可。

六、综合技术室

包括兽医防疫室、分析化验室，即生产技术室。兽医防疫室主要负责全场的卫生防疫和疾病的诊断工作，应备消毒药具和医疗器械及常用药品，如狐场规模不大，有一相应人员负责疫病防治即可。如规模足够大，则应尽力配齐为好。为处理突发疾病，综合技术室应准备手术器械、注射器、消毒药品和消毒器械以及常用药品，并有专人建立档案进行管理。

七、其他建筑和用具

其他建筑主要有给、排水设备,供电设备(照明电、动力电齐备),供暖、围墙和值班室等,远离市镇或大型养殖场还要有员工休息室和食堂。还要准备捕狐笼(窜笼)、捕狐网、喂食车、喂食桶、水盆、食碗(食盒)等。有条件应建设单独清洗室,进行喂食、饮水设施的清洗。条件不具备,也不能在饲料室清洗,以免污染饲料,诱发疾病。在远离养殖场区建设无害堆肥场(发酵池),以便养殖废弃物和垃圾无害化处理。条件允许的还可以建设配套的沼气设施,变废为宝,为狐场提供能源和动力。沼液和沼渣也可成为绿色肥料,实现绿色、循环、健康的养殖模式(图 3 – 1,图 3 – 2,图 3 – 3,图 3 – 4)。

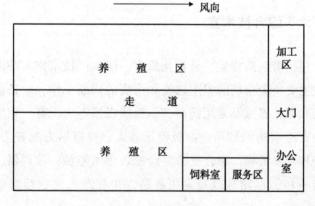

图 3 –1   狐养殖场

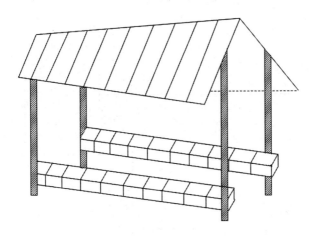

图 3 - 2　单层双排棚舍

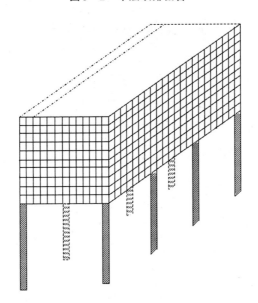

图 3 - 3　简易棚舍

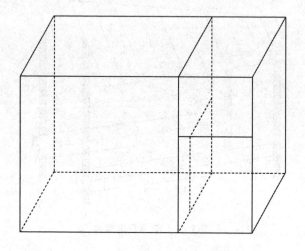

图 3 - 4 带走廊的窝箱示意图

第四章　狐饲料配制关键技术

第一节　狐的营养需要和饲养标准

狐是肉食性、毛皮用哺乳动物，其消化生理主要有以下几个特征。

狐门齿小而短，犬齿长而尖锐，臼齿咀嚼面不发达。

狐消化道较短，一般只有体长的四倍（猪是体长的25倍），胃容积仅有60~100毫升，没有盲肠，饲料在体内停留时间短（1.5~4小时）。

狐主要依靠酶的消化。其消化系统成熟较晚，仔狐蛋白酶、胰蛋白酶、胰凝乳蛋白酶的活性和数量是在出生后12周内逐渐增加的，所以初生仔狐对蛋白质的消化率较低。狐消化腺分泌的淀粉酶较少，故狐对碳水化合物的消化能力有限。

狐独特的消化生理特点和经济价值，决定了狐对营养物质的需要。目前，狐生产中常用的营养标准主要有两个：一是NRC（1982）中狐饲养标准，其中推荐量是满足动物正常生长、繁殖、生产和健康的最低需要量，但不包括安全系数；二是N. J. F（1985）的狐饲养标准，此标准在制定能量和各种营养物质的需要量时，综合考虑了饲料化学组成差异、不同品种的遗传差异以及气候和畜舍对需要量的影响，根据此标准设计的日粮可以满足狐正常生产的需要，较为实用，因此一般北欧国家均使用这一标准。

一、能量需要与营养标准

能量是指动物体维持生命所需要的热能。狐从饲料中获得能量，用于各种生命活动，如维持体温、生长发育、内脏活动、肌肉收缩等。在狐营养研究中，曾经分别使用总能（GE）、消化能（DE）和代谢能（ME）分别来表示饲料的能值，但当评定饲料的有效能值时，常用饲料的 ME 作为指标。ME 又可分为生长代谢能（贮存能量和饲料热增耗）和维持代谢能（基础代谢能、肌肉活动耗能和体温调节耗能）。由于狐各生长时期，其体外环境及体内代谢活动不同，故狐能量需要亦因时期的不同而有所变化。大量研究表明，狐等毛皮动物用于维持的能量需要远高于其他家畜。在饲喂典型日粮和正常生长发育的条件下，狐生长前期维持代谢能（Meme）需要量为 551.16KJ/千克$^{0.75}$·天（千焦/千克代谢体重·天），冬毛期维持代谢能（MEm）需要量为 579.62 千焦/千克$^{0.75}$·天（杨嘉实）。狐妊娠期的能量需要量很低，略高于维持需要量；但泌乳期的能量需要量与母狐产仔数、仔狐日龄有关，一般母狐泌乳期前 24 天的能量需要为 57 千焦/仔狐·天。

通常饲料的 ME 值是根据饲料的可消化蛋白质（DCP）、可消化脂肪（DEE）和可消化碳水化合物（DCHO）来估计的，计算方法通常使用 NRC（1982）和 Enggaard Hansen（1992）共同使用的计算公式：

ME（KJ/克）= 18.8 * DCP + 39.8 * DEE + 17.6 * DCHO

二、蛋白质、氨基酸需要与营养标准

蛋白质存在于动物活细胞中，与生命活动密切相关，是构成狐体组织、体细胞及其新陈代谢必要的物质基础，参与组成体内多种酶类、激素、血红蛋白、肌肉蛋白、免疫球蛋白等，有着极为重要的生物学功能。狐体内含量最多营养物质的是水分，占体重的约55%～66%，其次即为蛋白质，约占成年狐体重的20%，狐的肌肉，毛发、爪趾均主要由蛋白质构成，而毛皮是其主要产品，所以狐对蛋白质的需求更加严格。

狐的蛋白质需要量，通常以可消化蛋白质占日粮 ME 的百分比表示。研究表明，狐生长期各个阶段适宜蛋白质水平分别为（以可消化蛋白质占 ME 的百分比计算）：10～15周龄时，32%；16～17周龄，42%；19～21周龄，32%；22～24周龄，31%。在狐生长后期，当可消化蛋白质提供的能量占 ME 的30%时，即可满足狐体增重和毛皮发育的需要，可消化蛋白质占日粮 ME25%的水平对狐毛皮质量不产生明显影响。在准备配种期，雄性狐日粮适宜蛋白质水平为25.2%、粗蛋白日采食 20.18 克；雌性狐适宜粗蛋白质水平为32%、粗蛋白日采食量为 19.75 克。在妊娠期及泌乳期，日粮蛋白质含量应根据狐的妊娠天数、仔狐数量、仔狐日龄做出调整，妊娠中期和泌乳中期饲料粗蛋白含量分别为36%、45%时，母狐可以发挥出较好的繁殖性能。

氨基酸是蛋白质的基本功能单位，狐蛋白质的营养即为氨基酸的营养。传统的饲喂日粮中，含硫氨基酸，即蛋氨酸和胱氨酸是限制狐毛皮生长的首要因素。当可消化蛋白质占日粮 ME 的 20% ~ 25% 时，生长期狐蛋氨酸 + 胱氨酸需要（克）分别为：10 ~ 19 周龄：2.6 ~ 2.7g/16gN；20 ~ 24 周龄：3.7 ~ 4.7g/16gN；25 ~ 30 周龄：3.0 ~ 3.1g/16gN。狐必需氨基酸的需要量（g/100Kcal ME）见表 4 – 1。

表 4 – 1　狐必需氨基酸需要量（g/100Kcal ME）

氨基酸	断奶 ~ 8 月 15 日	8 月 16 日 ~ 打皮
蛋 + 胱氨酸	0.20	0.30
赖氨酸	0.40	0.40
色氨酸	0.03	0.03
苏氨酸	0.27	0.27
组氨酸	0.15	0.15
苯丙氨酸	0.30	0.30
酪氨酸	0.22	0.22
亮氨酸	0.50	0.50
异亮氨酸	0.30	0.30
缬氨酸	0.35	0.35
精氨酸	0.40	0.40

三、脂肪、脂肪酸需要与营养标准

脂肪是指在饲料成分分析中，所有可以用乙醚提取出来的物质。脂肪是构成动物体的必需成分，是动物体热能的主要来源，也是最好的储能物质。1 克脂肪在动物体内完全氧化可产生 9.3Kcal 的热量，是碳水化合物的 2.25 倍。狐对脂肪的需要量相对蛋白质而言较低，但脂肪不足时同样会影响狐的生长、繁殖等，甚至引发疾病；饲料中脂肪过多，会导致适口性下降，降低狐采食量，容易影响狐健康和毛皮质量。此外，狐日粮中添加的脂肪要新鲜，酸化腐败的脂肪会引起狐黄脂肪病等。狐各时期脂肪推荐量为（占 ME 百分比）——生长期：44%～53%；冬毛期（含生长后期）：42%～47%；妊娠期：34%～37%；泌乳期：47%～50%。

脂肪酸是构成脂肪的重要成分，按照结构性质可分饱和脂肪酸和不饱和脂肪酸两种，其中在动物生命活动中所必需的、但自身体内又不能大量合成、必须从饲料中获取的脂肪酸称为必需脂肪酸。狐日粮中脂肪除含量必须达到一定要求外，还必须满足狐对必需脂肪酸的需要。在狐脂肪酸营养中，亚麻油酸、次亚麻油酸和二十碳四烯酸是必需脂肪酸。狐必需脂肪酸的最低需要量为干物质含量的 0.5%、妊娠期和泌乳期为 1.5% 时，才能维持健康。泌乳期母狐的脂肪需要量要根据仔狐的数目和生长情况来确定，但此时期狐需要大量的亚油酸，当添加量占 ME5% 时最为适宜。

四、碳水化合物需要与营养标准

碳水化合物是一类含碳、氢、氧 3 种元素的有机物，因氧和氢之比为 1：2，与水组成相同，故称碳水化合物。碳水化合物主要分为两种：粗纤维和无氮浸出物。其中粗纤维主要成分是纤维素、木质素、胶质等。无氮浸出物主要包括淀粉和糖类。

狐作为肉食性动物，消化道内碳水化合物的分解酶数量较少，对粗纤维的消化能力很低，因此粗纤维对狐并无实际营养意义，但是日粮中含适量的粗纤维，有助于维持消化道的正常蠕动。无氮浸出物中的糖类和淀粉对狐意义重大，在现代狐营养中，碳水化合物摄入量占狐摄入营养的1/3，是主要的能量来源之一，除提供能量外，多余的碳水化合物可以转换为脂肪在体内储存，作为能量储备。另外碳水化合物虽然不能转化为蛋白质，但是适当增加饲料中碳水化合物的含量可以减少蛋白质的分解，可以起到节省蛋白质的作用，防止因脂肪不完全氧化产生而过多的酮体，对于调节物质代谢、降低饲料成本具有积极意义。

实际生产中，狐饲料中碳水化合物的主要来源是谷物和大豆饼粉等，动物和鱼体内也含有少量的动物淀粉和乳糖等。建议日粮中碳水化合物含量一般不低于 ME 的 10%，不高于30%，以 15%～25% 为宜，其中，在生长期和冬毛期日粮碳水化合物水平为占 ME 的 15%～30%，妊娠期和哺乳期为10%～20%。

五、维生素的需要和营养标准

相对其他成分而言维生素在饲料中的含量很低，但作为维持动物机体正常生理功能所必需的低分子有机化合物，却是必不可少的。由于人工饲养的狐采食范围和种类受到了限制，因此，日粮中需补充一定数量和种类的维生素。

维生素根据其可溶性分为脂溶性维生素和水溶性维生素两大类。

● （一）脂溶性维生素 ●

是指可以溶于脂肪，但不能溶于水的维生素，包括维生素 A、维生素 D、维生素 E 和维生素 K 等。

维生素 A 主要作用是维持正常视力，促进仔狐生长，使狐骨骼正常发育，增强对各种疾病的抵抗力，还可参与性激素的形成，提高狐繁殖力。饲料中缺乏维生素 A 时，会导致仔狐生长发育受阻，表皮和黏膜上皮角质化，严重时会引起狐繁殖性能和毛皮品质的下降。生长期狐日粮中维生素 A 添加量为 100~400 国际单位（1 国际单位 =0.3 微克）。

维生素 D 主要作用是维持狐正常的钙、磷代谢水平，缺乏时往往会引起狐软骨病，甚至影响繁殖性能。由于维生素 D 可以经过阳光照射在狐体内合成，所以狐很少出现维生素 D 缺乏症状。

维生素 E 在日粮中可以作为一种抗氧化剂，防止维生素 A 的氧化等；另外维生素 E 本身可以参与脂肪代谢，维持内分泌腺的正常机能，使性腺细胞正常发育，提高繁殖性能。每只狐饲料中每天添加 5 毫克维生素 E，可有效降低狐空怀率，防止狐的习惯性流产，提高产仔数以及仔狐成活率。

维生素 K 主要作用是维持机体血液正常凝固，催化合成凝血酶原。狐维生素 K 缺乏症较少见，一般不需要外源补充。

● （二）水溶性维生素 ●

指可以溶于水的维生素，主要包括 B 族维生素和维生素 C。

维生素 B₁ 也称硫胺素，狐基本不能合成，因此需要通过日粮补充。其主要功能是促生长，助消化，特别是可以促进碳水化合物的消化，还可以维持神经组织、肌肉和心脏的正常活动。缺乏维生素 B₁ 会降低狐对碳水化合物以及脂肪的利用率，导致狐食欲减退，消化紊乱，并出现后肢麻痹、颈强直、震颤等神经炎症状。幼龄狐日粮中维生素 B₁ 需要量为 1.2 毫克/千克 DM，或者 33 毫克/400 千焦 ME。当向每千克日粮干物质中添加 1~24 毫克的维生素 B₁ 时，狐肌肉、心脏以及尿液中的硫胺素水平会显著增加。

维生素 B₂：即核黄素，通过构成机体内多种酶类的辅酶来参与细胞的呼吸作用。一旦缺乏，会影响仔狐生长发育和种狐的繁殖能力。生长期狐日粮中核黄素的添加量为 1.5 毫克/千克 DM，或者 40 微克/420kJ ME。

维生素 B₃：又称泛酸，主要参与构成辅酶 A，与蛋白质、脂肪和碳水化合物三大营养物质的代谢均有密切关系，主要作用是维持消化系统健康。维生素 B₃ 缺乏时，幼兽食欲不受影响，但是生长发育受阻，体质衰弱；成年狐缺乏 B₃ 会使繁殖性能下降，冬毛生长期出现毛绒变白现象。日粮中维生素 B₃ 含量为 0.20 毫升/420 千焦 ME 时，可以满足狐需要。

维生素 B₅，常称维生素 PP、烟酸，参与构成辅酶，对机体新陈代谢有着重要作用。缺乏时，狐出现食欲减退、皮肤发炎、被毛粗糙等症状。

维生素 B₆（吡多醇）主要功能是参与蛋白质代谢，维持造血功能，为神经系统功能正常运转提供营养。维生素 B₆ 的缺乏会导致神经系统功能障碍，表现为肌肉痉挛，生长停滞，出现贫血和皮肤炎症。

维生素 B_{11}，俗称叶酸，主要作用是防止恶性贫血。

维生素 B_{12}（氰钴胺）：主要作用是调节骨髓造血功能，与红血球的成熟密切相关，当缺乏时会导致红血球浓度下降，增强神经的敏感性，严重影响繁殖力。当日粮中维生素 B_{12} 含量达到 30 毫克/千克 DM 时，即可满足狐的生长需要。

生物素：生物素影响机体中多种有机物的代谢。狐对生物素的需要可低至每 420kJ 代谢能中含有 0.003 毫克。

胆碱：狐胆碱缺乏时，会引起肝脏中过多的脂肪沉积，形成脂肪肝，并使幼狐生长发育受阻，母狐泌乳能力不足，严重时会影响狐毛绒色泽。

维生素 C（抗坏血酸）：主要参与生成细胞间质和体内许多氧化还原反应，可以预防、治疗坏血病和贫血，是一种抗氧化剂，可用于解毒。缺乏时，仔兽发生红爪病。

六、矿物质的需要和营养标准

矿物质在狐机体中含量很少，并且不提供能量，但是，对于维持狐的健康的生长具有重要的营养和生理作用。在参与细胞组成、维持细胞氧化、发育、分泌、增殖等重要的生理功能中都发挥着重要的作用，还对神经和肌肉组织兴奋性的发挥有着重要影响，在食物的消化和吸收、水的代谢平衡、酸碱平衡、血液正常渗透压的调节等方面，矿物质也有着重要作用。适量的矿物质供给是维持毛皮动物健康、生长和生产的必要条件，根据必需矿物质元素在动物体内的含量或者动物日粮的需要量，把它们分成常量元素和微量元素，下面对在狐营养需要中影响较大且容易出现缺乏的几种矿物元素进行介绍。

● （一）常量元素 ●

1. 钙和磷

钙和磷的主要功能是构成狐的骨骼和牙齿，还有一部分存在于血清、淋巴液及软组织中。维生素 D 与钙和磷的吸收关系密切，当日粮中维生素 D 及磷的含量不足而钙含量过高时，仔狐会行走困难，严重时会难以站立；狐缺乏钙、磷或者维生素 D 时，狐表现为后腿僵直、用脚掌行走、腿关节肿大、腿骨弯曲等症状。

仔狐及妊娠、泌乳期的母狐需要量比较大。7~37 周龄的生长期狐钙需要量占日粮干物质的 0.5%~0.6%。同时，狐机体是按一定比例来吸收钙和磷的，因此钙磷比例同样重要，一般日粮中钙磷比例在 1:1~1.7:1 范围内时较好，钙磷比例不在此范围内的日粮，不利于骨骼的生长。一般认为当日粮中维生素 D 含量为 820 单位/千克 DM 时，生长期狐的钙需要量为 0.4%~1.0%，磷需要量为 0.4%~0.8%。

2. 钠、氯和钾

钠主要保持细胞与血液间渗透压的平衡，维持机体内的酸碱平衡，同时可以调节心肌的活动。氯在机体内分布较广，缺乏时会导致胃液中盐酸减少，食欲减退，甚至造成消化障碍。钾是细胞的主要成分，存在于狐的各个组织中，其中，肌肉、肝脏、血细胞和脑中含量较多。缺钾时仔狐易出现肌肉发育不充分、心脏功能失调、食欲减退、生长发育受阻等症状。

钠和氯的补充主要通过向饲料中添加少量食盐。一般向湿料中添加0.5%或者干料中添加0.8%～1.2%的食盐可以满足妊娠期和泌乳期狐钠和氯的需要。在其他时期，狐对钠和氯的需要量更低。狐食入过量的钠和氯是有害的，繁殖期日粮中食盐添加量占干物质的1.5%时，狐的繁殖性能将会降低。狐饲料中钾的推荐量为0.3%，可以满足种狐和生长期狐的需要，一般以容易被吸收的无机盐形式进行补充，这些无机盐包括氯化钾、碳酸钾、硫酸钾、磷酸氢二钾等。

3. 镁

镁是构成骨骼和牙齿的成分之一，是骨骼正常发育所必需的元素，在狐的生命活动起着重要的作用，缺乏镁可使动物血液镁含量降低，同时出现痉挛症，导致动物神经过敏、震颤、面部肌肉痉挛、步态不稳、惊厥。生产中一般狐日粮镁推荐浓度为450毫克/千克，一般以硫酸镁和氧化镁细粉的形式吸收率较高。

4. 硫

硫是合成含硫氨基酸的必需元素，其作用主要是通过含硫有机物来实现，例如含硫氨基酸合成体蛋白质、被毛和部分激素；硫胺素参与碳水化合物的代谢，并增进胃肠道的蠕动和胃液分泌，有助于营养物质的消化和利用；硫作为粘多糖的成分参与胶原组织的代谢。硫缺乏时会导致粘多糖合成受阻，导致上皮组织干燥和过度角质化，严重缺乏时，狐食欲减退或丧失、掉毛、被毛粗乱，皮毛生长会受到严重影响，有时会因体质虚弱而引起死亡。

● （二）微量元素 ●

1. 锌

锌对于维持狐正常代谢和繁殖意义重大，锌是狐体内多种酶的组成成分，并参与激活多种酶系统，缺乏时会导致狐食欲降低、生长受阻、鼻镜干燥、口舌发炎、关节僵硬、趾部肿胀、皮肤不完全角质化；锌过量同样会使动物产生厌食，不利于其他元素（例如，铁和铜）的吸收，引起狐贫血和生长迟缓。生产实践中，锌的推荐量一般为 57 ~ 94 毫克/千克。研究表明，添加蛋氨酸螯合锌效果要优于硫酸锌。

2. 铁

狐体内90%以上的铁元素与蛋白质结合，包括血红蛋白、转铁蛋白、铁蛋白、血铁黄素等，存在于血液、肝脏、脾脏、肾脏和骨髓中，参与血氧、铁等的转运和贮存等。铁参与体内大量的生化反应，缺乏主要症状为贫血、绒毛褪色、肝脏中含铁量显著低于正常水平，有时还伴有腹泻现象，另外还会使狐绒毛色彩暗淡、毛绒粗乱、生长受阻。狐饲料中铁含量为50 ~ 100毫克/千克较好，一般以硫酸亚铁形式添加。

3. 锰

锰是体内许多酶的激活剂，并参与许多酶的组成。缺乏时可使骨骼发育受损，生长迟缓，性成熟推迟，母狐发情不明显、妊娠初期易流产，易出现死胎和弱仔。锰过量时可以降低狐食欲、影响钙、磷和铁的利用率，还会导致缺铁性贫血。狐建议用量为40 ~ 50毫克/千克。通常以硫酸锰和蛋氨酸锰的形式补充。

4. 硒

硒的代谢和维生素 E 密切相关，有助于维生素 E 的吸收和贮存，具有抗氧化作用。饲料中缺硒可以产生白肌病，狐行走和站立困难，弓背，全身麻痹，同时狐对疾病的抵抗力降低，仔狐食欲降低、消瘦、生长停滞；母狐繁殖机能紊乱，出现空怀或胚胎死亡。日粮中硒的含量范围一般建议为0.05～0.42 毫克/千克。因为超量硒可引发严重的中毒，所以，由专业产品在添加剂中补充，在不缺硒地区建议不添加。

5. 铜

铜是狐毛皮正常色素沉着所必需的元素，对维持狐正常生长和毛皮发育有重要作用。缺乏铜会降低狐吸收铁和从组织中动员并利用铁合成血红蛋白的能力，同时会导致生长发育迟缓、腹泻、不育、被毛褪色、胃肠消化机能障碍等症状。过量采食铜会使狐出现血红蛋白尿和黄疸，并使组织坏死，导致狐迅速死亡。狐日粮中铜的推荐量是 4.5 毫克/千克～6.0 毫克/千克。

6. 碘

碘是合成甲状腺激素的必需元素，而甲状腺激素是狐正常生长和繁殖所必需的。碘缺乏的主要症状是甲状腺肿，死胎、弱仔。狐日粮中碘的推荐含量为 0.2 毫克/千克。畜牧盐或人用粗盐均含碘，能够满足狐需求，一般不必额外添加。

因为微量元素超量应用多具有毒性，且狐体重较小，身体承受力较低，所以，建议涉及微量元素添加以专业产品为主。

第二节 狐的饲料与参考饲（日）粮配方

一、狐的饲料种类

在生产实践中，用于狐的饲料种类很多，通常把狐的饲料分为动物性饲料、植物性饲料、添加饲料和配合饲料。下面分别进行介绍。

● （一）动物性饲料 ●

主要包括鱼类饲料、肉类饲料、鱼及肉类副产品饲料、干动物性饲料、奶和蛋类饲料等。

1. 鱼类饲料

鱼类饲料是狐动物性蛋白的主要来源之一。我国沿海地区、内陆江河及湖泊水库，每年都生产大量的小杂鱼，其中，除河豚、马面豚等有毒鱼类之外，均可以作为狐的动物性饲料。

鱼类饲料含动物性蛋白质较高，此外，含有丰富的维生素 A、维生素 D 和矿物质，其消化率几乎与肉类饲料相同，仅比牛肉低 2%～3%，海杂鱼类饲料来源比较广泛，价格相对较低，可以满足狐各个生物学时期的营养需要，适合作为狐常年饲料使用。海杂鱼能量一般为 3.35～3.77 兆焦/千克，动物性饲料以鱼为主时，应该注意脂肪的饲喂量。在繁殖期应饲喂蛋白质含量较高的鱼类，如海鲇鱼、偏口鱼等，秋冬季节应该饲喂含脂肪较高的鱼类，如带鱼等，其他时期可饲喂廉价的海杂鱼。

新鲜的海杂鱼可以生喂，这样适口性强，蛋白质消化率高，过度加热会破坏赖氨酸，同时使精氨酸转化为难以消化的形式，色氨酸、胱氨酸和蛋氨酸也容易遭到破坏。少数海杂鱼和多数淡水鱼中含有硫胺素酶，对维生素 B_1（硫胺素）有破坏作用，生喂后会引起维生素 B_1 缺乏，应蒸煮后饲喂。鱼类不饱和脂肪酸含量较高，储存不当时容易氧化变质，因此，可以对轻度变质的海杂鱼和来源不明的鱼类加热，以起到消毒杀菌的作用。

日粮中全部以鱼类作为动物性饲料时，可占日粮重量的70%～75%，并且要多种鱼混合饲喂，因为不同种类鱼体组成中氨基酸比例不同，混合饲喂有利于氨基酸的互补；鱼类饲料与肉类饲料搭配使用时，鱼类可占动物性饲料的40%～50%。一般来讲，鱼肉混合作为动物性饲料进行饲喂，效果比单独使用鱼类甚至使用品种单一的鱼类效果更好。

2. 肉类饲料

肉类饲料是狐日粮中全价蛋白质饲料的重要来源，它含有与狐机体组成相近数量和比例的必需氨基酸，同时还含有脂肪、维生素、矿物质等营养成分。动物肉类饲料种类多，适口性强，消化率高，是毛皮动物饲料中理想的饲料原料。

各种动物的肉，只要新鲜、无病、无毒，均可使用到狐饲料中，并以生喂为好，对来源不明或者不新鲜的肉类，应该进行无害化处理后煮熟饲喂。但煮熟后由于蛋白质变性凝固，导致消化率降低，重量也有损失，因此，饲喂熟肉饲料时要比生喂时重量增加10%左右。

生产中常使用的肉类饲料包括以下几种。

(1) 新鲜碎骨。如鲜碎骨，肋骨、小骨架（兔骨架、鸡骨架、鸭骨架）等，含粗蛋白质约20%，热量约5兆焦/千克，同时还可以起到补充钙、磷的作用。使用时骨架连同残肉一起绞碎饲喂，较大骨架可以用高压锅或蒸煮罐高热软化后应用。鲜碎骨饲喂量一般占动物性饲料的10%～15%。

(2) 痘猪肉（囊虫病猪肉）。经高温处理后可以利用，熟制后一般含粗蛋白质27%，粗脂肪22%，在日粮中可占动物性饲料的10%～20%，比例不宜过高。

(3) 鼠类。缺少动物性饲料的地区可以充分开发或者利用这一资源，具有很好的饲喂效果。但应注意不能用化学药品灭鼠法捕鼠，防止狐食入后中毒死亡。捕获的鼠类在饲喂前，应进行无害化处理，以免感染传染病或者寄生虫病等。

(4) 公鸡雏。具有全面的营养价值，配合鱼类饲料饲喂效果更好。使用量可占日粮的25%～30%。

(5) 全羊羔肉。用时要将内脏全部去掉煮熟后饲喂，用量可占日粮的30%～40%。

(6) 狐、貉、麝鼠、海狸鼠等毛皮动物胴体。这些是毛皮动物取皮后的副产品，产量较高，属于全价蛋白质饲料，可以使用在狐日粮中，但不要使用狐胴体饲喂狐，最好煮熟后饲喂，繁殖期不宜使用。

3. 鱼及肉类副产品饲料

(1) 鱼副产品。我国沿海地区水制品厂等出产大量的鱼头、鱼骨架、内脏及其他下脚料，可以用做狐饲料。新鲜的骨架可以生喂，繁殖期饲喂量不能超过动物性饲料的20%，幼龄狐冬毛期和生长期可增至40%，动物性饲料的其他部分应尽量选择质量较好的海杂鱼或者肉类，否则会引起狐的营养不良。新鲜程度较差的鱼副产品应熟喂，尤其是鱼类内脏较难保鲜，煮熟后饲喂较为安全。

（2）畜禽类副产品。包括畜禽的头、骨架、内脏和血液等，这类饲料中除肝脏、心脏、肾脏和血液外，大部分含结缔组织或矿物质较多，氨基酸含量过低或比例不当，因此蛋白质消化率和生物学价值都比较低，但可以很好地提供部分能量及蛋白质，而且价格便宜，来源广泛，适当利用可以有效促进狐的养殖。

（3）肝脏。肝脏是狐理想的全价动物性饲料，粗蛋白质含量为20%、粗脂肪含量为5%，还有多种维生素和矿物质，维生素 A 和维生素 B_{12} 丰富，是狐繁殖期和育成期的必要饲料。摘除胆囊的新鲜肝脏可以生喂，但肝脏有轻泻作用，故饲喂量不宜太多，一般占动物性饲料的15%～20%，饲喂时应由少到多逐渐增加，以免引起腹泻。

（4）肾脏和心脏。肾脏和心脏的蛋白质和维生素含量都十分丰富，适口性好，消化吸收率高，但来源少，价格高，可以考虑在繁殖期适当供给。肾上腺不宜在繁殖期使用，其含的激素可能会导致狐生殖机能紊乱。

（5）肺脏。肺脏由于结缔组织较多，蛋白质效价较低，对胃肠有刺激作用，狐采食后容易发生呕吐现象，并且肺脏中常带有病原菌和寄生虫，应该煮熟后饲喂，饲喂量可占动物性饲料的10%～15%。

（6）畜禽胃、肠、脾。一般粗蛋白质含量为14%左右，粗脂肪含量为1.5%～2%，维生素及矿物质含量更低，营养价值总体不高，但可用于代替部分肉类饲料，适口性较好，由于胃肠中含有部分病原菌，应熟喂，饲喂量不能超过动物性饲料的20%~30%。

（7）子宫、胎盘和胎儿。也可以作为狐饲料，但主要应用于生长期，由于含有生殖激素，在配种期和妊娠期不宜使用，以免导致狐生殖机能紊乱甚至流产。

（8）血液。营养价值较高，含17%~20%的粗蛋白质和大量易于吸收的铁、钾、钠、钙、磷等无机盐和少量维生素，熟制后消化率降低，故应生喂新鲜血，但陈血最好熟喂，血粉和血豆腐可直接添加到饲料中饲喂，因血中矿物质含量较多，有轻泻作用，故饲喂量不宜过多，用量可占动物性饲料的10%~15%。

（9）禽类副产品。主要有头、爪、翅膀、内脏等，使用量可占动物性饲料总量的20%。在繁殖期，为避免扰乱狐生殖机能，不宜使用鸡头、鸡蛋包、鸡肠等可能含有激素的副产品。

4. 奶蛋类饲料

（1）奶类饲料。主要包括牛、羊鲜奶和酸奶、脱脂奶、奶粉等奶制品，可以提高饲料的消化率和适口性，富含蛋白质、脂肪、矿物质和多种维生素，必需氨基酸全价且比例与狐营养需要相似，因此易于狐消化和吸收。但奶类价格较高，一般在狐繁殖期适量使用，有条件的养殖单位可以在狐养殖的同时饲养奶牛、奶山羊等，以降低饲养成本，提高饲养效果。

妊娠期鲜奶饲喂量一般每天30~40克，最多不能超过

50~60克，有条件的其他时期可添加15~20克。鲜奶易变质，使用时要加热质70~80℃，灭菌15分钟后饲喂。奶粉调制成奶粉汁后，其成分与鲜奶基本相同，一般要现用现冲，防止酸败。奶制品添加量不能超过饲料总量的30%，过多会引起狐腹泻。

（2）蛋类饲料。鸡蛋、鸭蛋和鹅蛋等蛋类营养丰富，容易消化和吸收，主要用于配种期和妊娠期，由抗生物素蛋白的存在，生喂易使狐发生皮肤炎、脱毛等症状，应煮熟后饲喂。准备配种期公狐每日饲喂10~20克，有助于提高精液品质，妊娠和泌乳母狐每日饲喂20~30克，可以促进胚胎发育、提高仔狐成活率，促进乳汁分泌。石蛋和毛蛋经过煮熟消毒也可以用来饲喂狐。

5. 干性动物饲料

常用的干动物性饲料包括：鱼粉、肉骨粉、肝渣粉、蚕蛹或者蚕蛹粉、血粉和羽毛粉等。

（1）鱼粉。鲜鱼经干燥粉碎加工而成，粗蛋白质含量可达65%以上，一般在60%左右，含盐量为2.5%~4%，钙为5.44%，磷为3.44%，钙磷比例好，B族维生素尤其是核黄素、维生素B_{12}含量高。质量好的鱼粉饲喂量可以占到动物性饲料的20%~25%。

（2）肉骨粉。以不宜食用的家畜躯体、骨、内脏等作为原料，熬油后干燥所得产品，粗蛋白质含量约为50%~60%，赖氨酸含量高，B组维生素含量较多，脂肪含量高，在鲜鱼和肉类产品缺乏时，可以作为很好的狐饲料原料。建议饲喂量为日粮干物质的20%以下。

（3）血粉。是以动物血液为原料，脱水干燥而成，粗蛋白质含量为80%～85%，含赖氨酸、蛋氨酸、精氨酸、胱氨酸较多，有利于狐毛绒和幼狐的生长，但血粉消化率较低，故用量不宜过多，占动物性饲料10%～15%。

（4）羽毛粉。禽类的羽毛经过高温、高压和焦化处理后粉碎，即成为羽毛粉，粗蛋白质含量为80%～85%，含有丰富的胱氨酸、谷氨酸和丝氨酸，在春秋换毛季节饲喂有利于狐毛绒的生长，并可以预防狐的自咬症和食毛症。但蛋氨酸和赖氨酸含量较低，营养不均衡，含有大量的角质蛋白，不利于狐的消化吸收，而且适口性较差，一般需要与其他动物性饲料配合使用，建议冬毛期添加量在5%以下。

干动物性饲料还有肝渣粉、蚕蛹粉等，均可以用来饲喂狐，但要严格检验新鲜度，防止饲料发霉变质。

● （二） 植物性饲料 ●

主要包括各种谷物、油料作物和各类果蔬类，主要为狐提供碳水化合物，是狐日粮中能量的主要来源。

1. 谷物饲料

主要包括玉米、小麦（面粉、麦麸）、大豆饼粕、花生饼、米糠、高粱面、葵花籽饼、亚麻籽饼等。

（1）玉米。是狐最主要的植物性能量饲料，含能量为16.3兆焦/千克，是各种谷物籽实中最高的。玉米粗蛋白质含量偏低，为7%～8%，并且蛋白质品质较低，赖氨酸、蛋氨酸和色氨酸缺乏，但是玉米具有适口性好、种植面积广、产量高等优点，因此在狐饲养中应用广泛。饲喂前一般要蒸煮或者膨化加工，狐对未经熟化的玉米利用率低下，容易出现拉稀。

（2）小麦。小麦次粉或麦麸也有在狐饲料中应用，其中麦麸蛋白质含量可高达12.5%～17%，B族维生素含量丰富，核黄素和硫胺素含量较高，但麦麸中钙、磷含量极不平衡，干物质中钙含量为0.16%，磷含量为1.31%，钙、磷比为1:8，严重影响钙磷吸收，因此使用麦麸作为狐饲料时应特别注意补充钙，调整钙磷平衡。

（3）大豆饼粕。是我国常用植物性蛋白饲料，含赖氨酸2.5%～3.0%、色氨酸0.6%～0.7%、蛋氨酸0.5%～0.7%、胱氨酸0.5%～0.8%，因赖氨酸和蛋氨酸含量限制，生物学效价受到影响，使用大豆饼粕的同时添加赖氨酸和蛋氨酸可以提高利用率。使用时要看加热处理是否有效降低了大豆饼粕中有害物质的含量，否则会引起狐消化不良。正常加热的大豆饼粕应为黄褐色，有炒黄豆的香味，加热不足或者未加热的饼粕颜色较浅或呈灰白色，有豆腥味，加热过度则呈暗褐色。一般大豆饼粕加工时温度应为110℃左右。

（4）花生饼。去壳花生饼含蛋白质、能量都较高，其饲料价值仅次于豆饼，含赖氨酸1.5%～2.1%、色氨酸0.45%～0.61%、蛋氨酸0.4%～0.7%、胱氨酸0.35%～0.65%。花生饼贮存不当易感染黄曲霉菌，产生危害极大的黄曲霉毒素，应当引起注意。

其他谷物类饲料如米糠、高粱面、葵花籽饼、亚麻籽饼等因适口性差、消化率较低等原因，在狐饲料中很少使用。

谷物饲料一般按日粮干物质总量的30%～50%来添加，以多种搭配饲喂较为适宜。豆类和麦麸的纤维素含量较高，饲喂量不宜超过谷物类饲料总量的 20%～30%，否则易引起消化不良和腹泻。

2. 果蔬类饲料

主要包括各种蔬菜、野菜和水果等，它们有助于改善狐的饲料结构和适口性，提供丰富的维生素，宜生喂。可避免维生素和可溶性盐类的损失，对母狐的怀孕、产仔和泌乳都有良好的作用，并且果蔬类饲料中含有大量水分，多属于碱性饲料，有调节饲料容积或酸碱平衡的功能。推荐添加量为日粮总量的 3%～5%。

● （三）添加饲料 ●

主要是补充狐生长发育、繁殖及生毛所必需而一般饲料中不足或者完全缺乏的营养物质，主要有维生素和矿物质添加剂，此外，还有一些特种饲料。

1. 维生素添加饲料

主要利用的有鱼肝油、酵母、小麦芽、棉籽油等。

（1）鱼肝油。是维生素 A 和维生素 D 的主要来源，狐可按每只每天 200～500 单位投喂，最好是分食后滴入食盒中饲喂。常年饲喂肝脏和鲜海鱼，可以不必补充鱼肝油。鱼肝油中的维生素 A 易被氧化变质，保管时要注意密封，置于阴凉、干燥和避光处，不宜使用金属容器保存，另外，要注意出厂日期，以防久存失效，变质的鱼肝油禁止饲喂狐。

（2）酵母。不仅是 B 族维生素的主要来源，也是浓缩的蛋白质饲料，可以很好地补充蛋白质及部分维生素，主要包括面包酵母、啤酒酵母、药用酵母和饲料酵母，使用时除药用酵母和饲料酵母外，其他均需要加温处理，以杀死酵母中所含大量活酵母菌，否则狐采食酵母后，会发生胃肠膨胀，严重时引起死亡。使用时要与碱性的骨粉分开饲喂，防止酵母中的 B 族维生素遭到破坏。狐日粮中干酵母添加量每只每天可加入 1 ~ 2 克，使用液态酵母时，用量增加 5 ~ 7 倍。

（3）小麦芽。是维生素 E 的主要来源，且含有钙、磷、锰和少量的铁，是狐繁殖期补充维生素 E 的理想饲料。

（4）棉籽油。是维生素 E 的主要来源，一般每千克棉籽油中含维生素 E_3 克。饲喂时应选用精制棉籽油，粗制棉籽油中含有棉酚等毒素。

2. 矿物质饲料

狐所需要的矿物质有些在一般饲料中即可满足，有些则需要适当补给。一般矿物质饲料有骨粉、食盐等。

（1）骨粉。是畜禽骨骼经蒸煮、干燥后磨成的粉末，是钙和磷的主要来源，含钙40%，磷20%，宜常年供给，繁殖季节和育成期的狐应提高供给量，每只每天 10 ~ 15 克，以鱼为主或者经常供给鲜碎骨的日粮中，可以不加骨粉。

（2）食盐。是狐营养中钠和氯的补充饲料，每只每天添加0.3 ~ 0.5 克，添加过多会引起食盐中毒。饲喂以海杂鱼为主的日粮时，可少加或者不加食盐。

3. 特种饲料

主要指那些既不提供狐生命活动所必需营养物质，也不是饲料中的营养成分，但对饲料的贮存、品质改进、利用率或对狐机体健康、养殖场环境改善有良好作用的添加饲料，主要包括抗生素、益生素、酶制剂和抗氧化剂等。

（1）抗生素。主要用于一至多种微生物的生长，在狐日粮中少量供给后，可以起到促生长、防疾病、提高成活率、延缓饲料腐败的作用，但长时间或者超量使用会破坏胃肠道内微生物群的正常功能。目前狐养殖中常用的抗生素有畜用土霉素、金霉素、杆菌肽锌、黏霉素等。

（2）益生素。主要由乳酸杆菌、双歧杆菌、芽孢杆菌、酵母菌及其他生长促进菌种组成，可以有效抑制病原菌群的繁殖，保持狐机体健康。

（3）酶制剂。一般含蛋白酶、脂肪酶、淀粉酶和纤维素酶等，有益于狐对饲料的消化和吸收。

（4）抗氧化剂。是抑制饲料脂肪酸败的物质。在狐日粮中加入少量抗氧化剂，可以提高兽群成活率，防止脂肪组织炎。

（5）除臭剂。近年来新型添加饲料，狐食入后，可降低甚至消除狐粪便的臭味，改善饲养环境。

● （四）配合、浓缩及预混饲料 ●

随着狐养殖业的发展，动物性饲料原料的奇缺及价格上涨等原因，经过深入研究和实践，满足狐营养需要的配合饲料、浓缩饲料以及预混饲料近年来得到发展。

1. 配合饲料

主要采用常温下容易储存的鱼粉、肉骨粉、膨化大豆、膨化玉米、维生素以及微量元素等，配制蛋白质和能量含量适宜的干粉或者颗粒饲料，配方各种营养物质配比合理，保证了营养的全价性，基本可以满足狐在育成期和冬毛期的营养需要，可以进行推广应用，但在繁殖期应慎用。

2. 浓缩饲料

指由两种或两种以上的蛋白质饲料、能量饲料、矿物质饲料或者添加剂预混料按照一定比例组成的饲料，通过与其他能量或者蛋白质饲料混合后可以满足狐主要营养需要的一种蛋白质含量较高的混合饲料。

3. 预混合饲料

指两种或者两种以上的微量元素、维生素、氨基酸或者非营养性添加剂等微量成分加载体或者稀释剂均匀混合而成的饲料。

二、狐的参考日粮配方

狐日粮配方的制作要依据狐的营养标准来制定。在生产实践中，常用的营养标准有 NRC（1982）狐营养需要标准等。日粮配方的制作有以重量为基础和以热量为基础两种，根据狐营养需要量，本节分别举例如表 4 - 2、表 4 - 3 所示。

表 4 - 2　以热能为基础的日粮标准（每只．每天）

饲养时期	月份	代谢能 kJ	可消化蛋白质（克）	占代谢能（%）			
				鱼、肉类	乳、蛋类	谷物	果蔬类
准备配种期	12 ~ 2	240 ~ 280	23 ~ 30	65 ~ 70	—	25 ~ 30	4 ~ 5
配种期	3	230 ~ 260	23 ~ 28	70 ~ 75	5	15 ~ 20	2 ~ 4
妊娠期	4	250 ~ 300	27 ~ 35	60 ~ 65	10 ~ 15	15 ~ 20	2 ~ 4
泌乳期	5 ~ 6	230 *	23 ~ 30	60 ~ 65	10 ~ 15	15 ~ 20	3 ~ 5
育成期	7 ~ 8	150 ~ 300	20 ~ 30	65 ~ 70	5	20 ~ 25	4 ~ 5
冬毛期	9 ~ 11	250 ~ 300	25 ~ 30	60 ~ 65	5	25 ~ 30	4 ~ 5

表4-3 以重量为基础的日粮标准（每只·每天）

饲养时期	月份	日粮（克）		日粮组成（%）								
		重量	可消化蛋白质	鱼肉类	乳蛋类	谷物	果蔬类	水或豆汁	酵母	麦芽	骨粉	食盐
准备配种期	12~2	250~300	23~30	55~60	5~10	10~15	8~10	10~15	1~2	4	1	0.4
配种期	3	220~250	23~28	60~65	5~10	10~12	8~10	10~15	2	4	1	0.4
妊娠期	4	260~350	27~35	55~60	5~10	10~12	10~12	5~10	2	4	1	0.4
泌乳期	5~6	300~1000	23~80	50~55	10~15	10~12	10~12	5~10	2	4	1	0.4
育成期	7~8	180~370	18~30	55~60	—	10~15	12~14	15~20	1	—	1	0.3
冬毛期	9~11	350~400	30~35	45~55	—	15~20	12~14	15~20	1		1	0.4

第三节　狐日粮配制关键技术

一、狐日粮配制原则

● （一）根据狐的消化生理特点来配制日粮 ●

　　作为肉食性单胃动物，狐消化道较短、消化植物性饲料的消化酶活性较弱，所以其饲料以动物性为主，动、植物饲料合理搭配，同时要保证经济、稳定、适口性好。植物性饲料一般要熟制、粉碎，以提高消化率。

● （二）根据狐不同生产时期营养需要量来配制日粮 ●

　　狐不同生物学时期，其生长速度和生产目的均有所不同，营养需要有很大差别。一般繁殖期要比非繁殖期营养标准高，因此要求日粮全价、适口性更强；育成期及冬毛期能量需要较高，要求日粮中脂肪和碳水化合物含量增加。

● （三）根据饲料原料成分及营养价值来确定日粮 ●

饲料成分及营养价值表，客观给出各种饲料原料的营养成分含量及营养价值，有条件的可通过实际测量获得，作为配制日粮的原则。要充分注意到不同饲料原料的理化特性，避免相互拮抗的饲料原料同时使用。

● （四）根据当地饲养条件确定日粮 ●

尽可能利用当地饲料原料，就地取材，这样既可以降低饲料成本，又可以保证饲料来源的方便、稳定。

● （五）日粮组成应多样化 ●

单一饲料原料所提供的营养物质各有偏重，多样化的原料品种可以通过互补来提高日粮的营养价值，可满足不同的营养需求。

二、狐日粮配制技术

狐的日粮配制，要能充分满足特定生物学时期的营养需要，保证新鲜、全价，搭配合理，并在此基础上尽可能降低养殖成本。常用的配制方法有重量配比法和热量配比法。

● （一）饲料配制的准备 ●

1. 确定营养指标

首先要确定某个相对科学、准确的狐营养需要标准，作为日粮配制的依据。常用的有美国 NRC 提出的狐营养需要量，部分权威机构提出的推荐营养需要量或者由生产实践或科研实践得出的数据、结论同样可以作为参考依据。

2. 确定饲料种类

饲料种类要根据营养指标、饲料价格、地理条件、季节特征、饲料适口性等进行综合考虑。对于不常用的饲料资源，要先进行试验性饲喂，经检验后方可大量应用。

3. 查营养成分表

多数常规饲料的营养成分可以通过检索专业书籍、网上资料，少量非常规饲料可以到相关部门进行相关分析检测后确定其营养成分。本书后附表是我们研究组集多年研究成果综合整理，每年搜集狐常用鲜饲料和干饲料原料，测定常规营养成分含量，为广大养殖户和饲料生产企业提供参考。

4. 确定饲料用量

根据生产实践、狐生理阶段、饲料营养特点、价格、来源、适口性等指标来确定饲料的用量范围。保证营养全面、均衡、稳定，降低成本，防止出现不同饲料拮抗导致饲料营养价值降低甚至引发狐中毒等。

● （二） 日粮配制方法 ●

1. 重量配比法

即确定不同生产时期的日粮总量和各种饲料所占重量比例后，做出配方，分别计算出每只狐每天所需的各种饲料量，再按每群狐数量确定所需饲料总量，制定出饲料单。要重点核算日粮中蛋白质的供给量。其中添加量较少的添加饲料，如食盐、酵母、维生素、骨粉等，可忽略其重量比，单独列出添加量。

2. 热量配比法

即以热能为依据来计算日粮中各原料需要量。一般要先确定一份（即418千焦）能量中各种饲料所占的热能比例和相应的饲料重量，然后按日粮中热量总量（即份数）来计算各种饲料原料的添加量。同样，使用此方法时也要着重核算日粮蛋白质含量。没有热量或者热量值很小的添加饲料如矿物质、维生素、药物等可以忽略，按群狐数目单独列出添加量。

两种日粮配制方法间可以换算，方法如表4-4所示。

表4-4　两种日粮配制方法的换算关系

饲料种类	重量法比热量法	热量法比重量法
谷物类饲料	1：1.2	1：0.8
动物性饲料	1：2	1：0.5
果蔬类饲料	1：2.6	1：0.4

第四节　狐日粮配制常见问题与配方实际应用举例

在生产实际中，由于各个生产单位地理位置、养殖规模、技术水平等的差异，狐日粮的配制中常会出现一些实际问题，本节针对部分问题列举出注意点，供从业人员参考。

一、饲料贮存

饲料在贮存过程中，由于原料理化特性、时间地点以及管理的不同，易腐败变质导致营养价值下降甚至引起动物中毒，因此，科学成功地贮存和调制饲料就成为狐日粮配制的关键。

●（一）动物性饲料 ●

极易腐败变质。主要的贮存方法是放于冷库中低温保存。高温也可以杀灭饲料中有害微生物和降解酶，但高温处理后不能放置过久。干性动物性饲料如鱼粉、肉骨粉等要置于干燥、阴凉、通风处，水分在 13% 以下时可长时间保存。鲜料还可借鉴国外经验进行发酵后，实现常温酸贮。

●（二）植物性饲料 ●

谷物等植物性饲料只有当水分在 12% 以下时，保存时间才会长久。保存时要注意库房通风、干燥、阴凉，地面搭设板架，不要使饲料袋接触地面，以免受潮发霉，同时要注意防止鼠害。

●（三）果、蔬类饲料 ●

季节性较强，果、蔬最好随用随收。不能立即用完的，应置于阴凉通风处，随意堆放会容易导致发酵，狐食用后会引起亚硝酸盐中毒。北方地区可将果蔬贮存与地窖中，方便冬天使用。

二、饲料选择

饲料选择要遵循以下 3 个原则。

● （一）无害 ●

无害不仅指饲料原料本身对狐消化吸收、生长发育、繁殖等生理活动不产生危害，同时还要保证不同饲料原料搭配使用时同样安全。主要应注意以下几点。

所有饲料原料应新鲜，不能使用腐败变质原料；海鱼要在淡水中浸泡淡化后加工使用，同样，盐含量过高的鱼粉不宜用来饲喂狐，或者使用时要适当减少在饲料中的比例；少数海鱼和多数淡水鱼含有硫胺素酶，可破坏维生素 B_1（硫胺素），生喂常引起维生素 B_1 缺乏，应蒸煮后饲喂；含肾上腺、甲状腺的器官以及动物子宫、胎盘等不宜在繁殖期使用，会造成狐生殖机能紊乱；肝脏、肝渣粉、血粉等原料具有倾斜作用，不宜饲喂过多；羽毛粉含有大量角质蛋白，且消化吸收困难，适口性较差，用量不宜过多；使用果蔬类饲料时要注意清洗，防止狐残留农药中毒。

● （二）全价 ●

营养全价的饲料是充分发挥饲料营养价值、保证狐健康生长、顺利实现生产目的的前提，并且要根据狐不同生长阶段的需要量来配制。通常要注意的有以下 4 点。

1. 氮、能平衡

指饲料中蛋白质和能量应保持适宜比例，比例不适会影响营养物质利用率并引起营养障碍。由于蛋白质的热增耗较高，蛋白质供给量高时，能量利用率就会下降，相反如果蛋白质不能满足动物体最低需要，单纯提供能量供给，机体就会出现负氮平衡，能量利用率同样会下降，因此为保证能量利用率的提高和避免饲料蛋白质的浪费，必须使饲料的能量及蛋白质保持合理比例。

2. 氨基酸平衡

饲料种各种氨基酸的数量和比例要符合狐生理需要，而不是越多越好。氨基酸平衡日粮不仅可以有效降低日粮蛋白质水平，还可以降低粪便中氮的排放量，减少环境污染。

3. 钙磷平衡

钙和磷是狐机体，特别是骨骼生长所需的一对重要的常量矿物质元素，对狐机体的代谢和骨骼发育起着重要的作用，钙磷比例失调会引起狐软骨病等。

4. 维生素

维生素是狐进行各项生命活动不可缺少的营养物质，日粮中维生素的缺乏会导致狐生长发育受阻并出现多种缺乏症。日粮中维生素的补充一般通过添加果蔬类饲料和饲料添加剂等加以补充。注意要选用信誉好的专业厂家生产的饲料添加剂。

● （三）经济 ●

饲料费用可以占到狐养殖成本的 50% ~ 70%，因此，在保证饲料满足狐营养需求的前提下，尽可能降低饲料成本，可通过以下几点来实现。

尽可能使用本地饲料配制日粮，既可降低运费等成本，又可保持日粮营养成分的稳定性。有条件的饲养企业或者养殖户可种植部分果蔬或者养殖蛋鸡、奶牛、奶山羊等，实现部分饲料的供给。高价鱼、肉类饲料可以部分使用植物性蛋白质饲料代替。

第五章 **狐的饲养与管理关键技术**

第一节　狐生产时期的划分

狐是随季节更替，生物学特性、生理需要变化明显的经济动物。作为小型食肉动物，狐每年繁殖一次，春、秋各换毛一次。只有了解其生理需要，依据其特点划分不同生产时期，为每个时期制定适宜的饲养管理技术标准，才能最大的发挥其生产潜力。

为了便于饲养管理，结合国内外经验，我们一般把狐整个生产周期分为八个部分：准备配种期（9月中旬至次年2月）、配种期（2月至3月下旬）、妊娠期（3月末至5月末）、产仔哺乳期（4月中旬至6月中旬）、育成前期（从产仔到9月）、恢复期（公狐恢复期3月中旬至9月中旬、母狐恢复期5月末至9月初）、冬毛生长期（9月至11月初）、取皮期（11月中旬至12月中旬）。

狐的饲养管理工作是分阶段进行的，但各时期都不是独立的，而是密切相关、相互影响的，每一个时期都是以前一个时期为基础的，各个时期是有机联系的，只有重视每一个时期的各项日常管理工作及关键时期的重点管理工作，狐生产才能获得成功，其中的任何一个环节出现失误，都将给生产造成无法弥补的损失。

第二节 种公狐的饲养管理技术

由以上分期可看出种公狐的饲养管理可划分为四个大的时期进行。即：准备配种期、配种期、静止期、冬毛生长期（与准备配种前期重叠）。因为冬毛生长期为成龄公、母狐及当年育成幼狐共同的必经时期，又是关系毛皮生长的重要时期所以单独进行阐述。

一、种公狐准备配种期的饲养管理

从9月到次年的2月底，是种狐的准备配种期。每年秋分（9月21～23日）以后，随着日照的逐渐缩短和气温下降，狐的生殖器官和与繁殖有关的内分泌活动逐渐增强，生殖腺从静止状态转入生长发育状态。一开始生殖器官发育较慢，冬至（12月21～23日）以后，日照时间逐渐增加，公狐内分泌活动增强，性器官发育速度加快，到次年的1月底或2月初，公狐睾丸就可以产生成熟的精子。公狐的体重，在准备配种期也有很大的变化，前期（10～11月）种公狐的体重不断增加，到12月份为最高，次年1月份体重开始下降，配种期体重下降特别明显。

从9～12月份这段时间一定要保证狐饲料优质、足量的供给，在保证脂肪和蛋白质供应同时，还要补饲蛋氨酸和半胱氨酸，这样有助于种狐性器官的生长发育，也利于冬毛的生长。本时期每日喂2次，早喂日粮总量的40%，晚喂日粮总量的60%。到12月份种狐毛管发亮达到最肥的状态。从12月份到1月初这段时间，种狐的食欲下降，此期间可以降低饲料给量，并降低饲料中脂肪的比例，在配种前将种狐体况调整到中等水平。实践证明种狐的体况与繁殖力有密切关系，过肥或过瘦都会影响繁殖，特别是过肥，危害性更大。实践表明配种前体况中等或中下等的种公狐性欲最强。从外观估计种狐的体况，可分为如下三种情况：过肥体况，逗引狐直立时见腹部明显下垂，下腹部积聚大量脂肪，显得腿很短，行动迟缓；中等体况，身躯匀称，肌肉丰满，腹部不下坠，行动灵活；过瘦体况，四肢显得较长，腹部凹陷成沟，用手摸其背部明显感觉到脊椎骨。如缺乏用肉眼观察经验，可称量种狐体重指数来确定其体况。体重指数是指种狐的体重（克）除以体长（厘米）所得的数。体重以饲喂前1小时为准，体长为鼻尖嘴至尾根的直线长度。配种前公、母狐理想体重指数分别为46～50克/厘米和24～26克/厘米。另外1月中旬以后种狐饲料中应注意补充维生素A、B、E和矿物质，这样能明显促进种狐的发情。

狐的准备配种期大部分时间在寒冬季节，狐有很好的抗寒能力，但是为了保证种狐安全越冬和良好的繁殖性能，必须做好防寒保暖工作。具体是检修小室防止漏风，室内垫足量草。注意搞好卫生，保持洁净干燥，特别是及时清理小室内食物和粪便。可以通过增加饮水次数，添加温水及投给洁净的雪和冰屑，保证狐在寒冬里得到足够的饮水。12月至次年1月份要注意狐舍安静，尽量减少人为的干扰，从1月中旬开始要适当增加种狐的运动量（增加人为驯化），经常引逗种狐在笼内运动，能提高种公狐精子活力和配种能力。从1月份开始到配种前，应作好种狐的发情检查，并详细记录，通过检查掌握公狐睾丸发育情况，为配种做好准备；通过种狐的外生殖器变化了解饲料和管理是否合适。特别应该注意本时期种公狐应该在背风向阳的一侧饲养，否则会影响公狐睾丸的发育。配种工作的一些准备工作也应该在本时期做好，如：制作号卡标注狐号和笼号，制定合理的配种方案，准备好配种期将要用到的一切辅助工具。在整个准备配种期（9月底至第二年1月底）笼舍要保持自然的光照，不要人为增加光照时间（如夜间在笼舍内用电灯照明等），以使种狐正常按期发情。

▌ 二、种公狐配种期的饲养管理

● （一） 种公狐配种期的饲养 ●

应充分在饲料上做文章，让其吃好有充沛的精力与体力，完成繁衍后代的责任，又不使其过于肥胖影响性欲和交配能力。本时期饲料以动物性饲料和高蛋白饲料为主，还可以补加牛奶或豆浆。另外，在其饲料中可适当添加能促进精细胞发育的饲料或特殊添加剂，如鸡蛋、大葱、大蒜、麦芽、酵母、鱼肝油、维生素E、维生素C。

● （二） 种公狐配种期的管理 ●

为提高狐群品质，在配种期充分发挥公狐的作用，使母狐全部配上种，需要制订合理的配种计划、掌握合理的配种进度以及实用的配种技术。

1. 制订科学的配种计划

公、母一般比例为 1 : 3 或 1 : 4，既能保证配种任务完成，又减少了饲养公狐的费用；避免近亲交配，检查全群种狐的系谱和历年发情配种记录，合理搭配公、母狐的配对方案。为防止母狐因择偶而造成漏配，应准备两只以上与母狐无血缘关系的公狐与之选配；公狐的毛绒品质一定要优于母狐，公、母毛色应尽量一致；在体形选配方面，应以大公配大母，大公配中母，中公配小母为原则；不能采用同一性状有相反缺陷的公、母狐配对，因为这做法不能纠正公、母狐的性状缺陷。

2. 对公狐的发情检查

1 月末开始检查公狐睾丸发育是否正常。可抓住尾部倒提起公狐，用另一手（不要代手套）触摸其腹后部（肛门与尿道口之间靠近肛门一侧），可摸到两侧对称的睾丸。检查时要小心防护，以免被咬伤。发育正常的睾丸体积和重量明显增大到平时的 4 ~ 6 倍，呈卵圆形，手感松软而富有弹性。阴囊下垂，显而易见，阴囊被毛稀疏。摸不到睾丸的公狐为隐睾，无配种能力；睾丸很小、坚硬、无弹性，都会使公狐丧失性欲，不能参加配种。

3. 种公狐的合理使用

种公狐在整个配种期可配 3 ~ 4 只母狐，交配 5 ~ 15 次，多者高达 20 多次。在配种前期，发情的母狐数量较少，可选发情早的公狐与之交配，每只每天公狐可进行 3 ~ 5 次试情性放对和 1 ~ 2 次配种放对，为保持公狐的配种能力，每天成功配种 1 次即可。试情放对时要注意避免未发情的母狐扑咬公狐，一旦发生咬斗，要立即把母狐抓出。母狐不抬尾，不要让公狐长时间做交配动作，以免发生滑精或误配。在配种中期，母狐发情的较多，公狐还有复配的任务，配种工作很紧张，公狐一天可交配 2 次，但每次交配间隔要在 4 小时以上，间隔期要给配种的公狐少量补饲高蛋白饲料（如鲜奶），公狐连续配种 4～5 天，要休息 1～2 天。小公狐的使用原则是选择发情好、性情温顺的母狐与其交配，锻炼其配种能力；小公狐性欲良好时应适当让它多配几次，但也不能使用过频；在调教小公狐配种时，要避免被烈性母狐咬伤。性欲一般的公狐可在复配时适当使用，配种能力强的公狐则与难配和初配的母狐交配。多公复配法只适用取皮狐的繁殖，准备留种的一定要用相同公狐完成复配，否则后代血缘不清无法留种。狐交配时间较长，发生"连锁"时应等其自然打开，不可惊动。

4. "假配"识别和种公狐的精液检查

公狐交配动作很明显，也有射精动作，但阴茎没有进入母狐阴道或误入肛门，叫"假配"。原因是公狐的性欲过强，急于达成交配，而交配过程中母狐配合不好。识别狐是否真配应注意以下几点：狐交配时间较长，交配完毕后母狐外阴部可见充血，充满黏液，交配时间超过两分钟，可确认为交配成功；假配、误配时公狐交配行为不激烈，公狐东张西望，稍有惊动或母狐挣扎即分开，配后母狐外阴没有任何变化。还可在刚配完的母狐外阴部表面沾取一些精液，用 400 倍左右显微镜观察，如有活动精子，说明公狐已经射精，交配确实。精液品质检查，先用棉花擦净刚配完母狐外阴部的尿液，然后用玻璃吸管插入母狐阴道深处，吸取精液待检。具体是将精液滴在玻璃片上，在 37～38℃放大 300 倍的显微镜恒温箱中估测前进运动的精子所占的百分率；将精子样品加入血细胞计数器，在计数器上随意选择 50 个方格进行计数，并换算出每毫升精液中所含有精子的总数；在放大 500 倍显微镜，并防止因冷休克引起的变化的条件下，估测异常精子百分率；精子经稀释后在一定条件下维持存活的时间（以小时计）。

三、种公狐静止期的饲养管理

进入静止期的种公狐，一方面因为配种期体能消耗大，需要补充能量加强饲养；另一方面因为其年度主要任务已完成，剩下时间只要低水平维持即可，待到下一轮繁殖准备时再进行特殊喂养，在配种期发现的配种能力差的公狐准备淘汰，按取皮狐水平喂养即可。

第三节　繁殖母狐的饲养管理技术

母狐生产周期可划分为准备配种期、配种期、妊娠期、产仔泌乳期、静止期、冬毛生长期，针对不同时期的生理特征和生产目的进行饲养管理。

一、准备配种期母狐的饲养管理

充分摄取营养，使身体处于最佳水平，才有利于母狐下一步发情、交配和排卵，所以本时期的饲养管理对狐生产很重要。

随着天气变冷、光照变短，母狐的外生殖器官和体内激素水平都有很大变化，卵巢开始产生成熟的卵泡，体重也不断增加，以每年1月份为转折点，体重开始下降。除注意和公狐一样的几点外，还要特别注重母狐体况的调整，使其肥瘦合适；另外可在不过分惊扰母狐的前提下，认真观察母狐外生殖器官的变化是否明显，再做出相应的调整。本时期饲料配合以高蛋白、低脂肪为主导，另补加牛奶或豆浆、鲜骨泥、麦芽、酵母、鱼肝油、维生素 E 等。

二、配种期母狐的饲养管理

发情期母狐，性情变得温顺，不讨厌异性，频频排尿，公狐爬跨时，母狐会抬尾站立迎合公狐交配。性器官发育过程，也随季节的变化而变化。从9月下旬（秋分前后）卵巢结束了静止状态，开始生长发育，1月末或2月初卵巢里能产生成熟的卵泡和卵子，外阴部阴毛分开，阴门肿胀外翻。狐属于季节性多次发情动物，发情一般都在3月上旬。经产母狐发情较早，初产母狐发情相对晚一些。结合母狐配种期的生理特点其饲料应提高质量，并补充维生素 E、大葱、麦芽、鱼肝油等，使母狐保持良好的体况和发情状态。

● （一） 母狐发情检查 ●

在放对配种之前，对母狐进行发情检查是必须的。具体是结合母狐的活动状况（外部表现）、外生殖器官变化情况和放对试情三方面情况鉴定。

1. 配种前期

饲养员除每天喂狐外，要多留心观察种狐的活动情况。在发情期间，种狐多表现走动不安，时常发出"咕咕咕"的求偶叫声。如果公、母邻笼，则互相引逗，频尿，常常使笼网挂上一个由尿冻成的大冰溜，这是发情的前兆。当母狐真正发情时，多数采食量都降低，有时还可看到邻笼公、母狐相互扒、咬笼网，急于交配的情景。发情好的母狐，晚间甚至不在产箱内睡觉，紧靠公狐笼网，当公狐发出求偶叫声时，母狐会趴在笼底不动，将尾翘向一边。发现这种情况，把母狐放入公狐笼内，很快即可达成交配。

2. 母狐的外阴部检查

从1月末开始对全群母狐做一次普遍性的检查，对其外阴部的形状做好记录。经产母狐外阴部发情变化明显，初产母狐不明显。保定母狐，看阴门的盖毛是否分开，阴门是否外露，这是判断母狐开始发情与否的重要标志。静止期母狐的阴部是被阴毛盖着的，从阴毛分开阴门显露到母狐接受交配，一般需要8~10天，最短3~4天，最长的达25天。母狐的阴毛分开之后，其外阴部发情变化可分为3个阶段：第一阶段（发情前期），外阴部明显外露，阴门稍发红，呈圆形，过2~3天，阴门红肿，具有弹性，呈粉红色，这时可以放对试情，以免漏配。但此期母狐不一定接受交配。第二阶段（发情期）此期持续2~4天，是母狐的性欲高潮期，母狐阴门高度肿胀外翻，呈圆形或椭圆形，阴门两侧上部有轻微的皱起，阴门色泽变深，呈暗红色或紫色，并有黏液从阴门里流出，放对可以达成交配。第三阶段（发情后期），母狐发情期已过，外生殖器官逐渐萎缩。

3. 放对试情

就是把母狐抓进性欲旺盛的公狐笼中，进行异性接触，观察双方的行为表现，从而确定母狐是否真发情。如果公狐马上追逐母狐，发出咕咕的求偶声，公狐爬跨时母狐站立不动，尾翘向一边，说明母狐已发情，可以接受交配。如果公狐追逐时，母狐不停地走动，公狐爬跨时，母狐犬坐在笼网上，说明母狐未到发情旺期，可隔日再放对试情。如果放对后母狐扑咬公狐，或公狐准备爬跨时母狐拒配，说明母狐无性欲，可隔3~5天再放对试情。母狐发情表现很明显，放对时却拒配，换公狐后很快达成交配，这种现象叫做"择偶性"，有择偶性的母狐并不多，但要注意，以防漏配。

放对试情一般只需3~5分钟即可看出结果。如果公狐不是马上追逐母狐，而是东闻闻，西闻闻，或是频频往母狐身上淋尿，不急于交配，往往是因为母狐尚未发情的原故，或公狐对它不感性趣，要及时更换。放对试情时要避免打扰，以免影响效果。

● （二） 配种技术 ●

在发情检查和试情过程中，如果确认为母狐发情了，一定要尽快达成初配，否则发情期一过，当年就配不上种。初配一般比复配困难，从放对到达成交配的时间较长，交配的时间却比复配短。当公狐追逐、求偶、性激动起来以后，发情好的母狐一般会站立不动，等待公狐的爬跨。当公狐的前肢爬跨到母狐腰间时，母狐的尾即甩向一边，使阴部外露，接受交配，这时公狐后躯频频抽动，阴茎进入母狐阴道（在公狐阴茎置入时，母狐也做与其相应的配合，使阴茎能够顺利地插入），进入后公狐后躯紧贴于母狐臀部抽动更加有力，然后臀部内陷，两前肢紧抱母狐的腰部，两眼眯离，尾根轻轻扇动，静止 0.5～1 分钟，即为射精。有些初次参加配种的小母狐在公狐爬跨时，也站立不动，但尾却挡在阴部，此时应把母狐抓出，用细绳将尾尖扎紧，细绳另一头吊起，使狐尾歪着吊在身体的一侧，再放对即可达成交配。对特难配的母狐，可以选一只性欲强，会配种，不怕人的公狐，将母狐放入其笼内，让其爬跨一、两次之后马上取出，以挑起该公狐的性欲，然后将母狐的尾吊起，左手抓住狐的嘴巴（带手套），右臂托住母狐腹部，手掌伸开托住盆腔，食指和中指分开靠近母狐的阴部，将母狐放入公狐笼内，此时公狐会很快爬跨交配。在公狐爬跨的同时，人手要不断调整方向，使母狐的阴部对准公狐阴茎，当公狐阴茎插入母狐阴道时，要固定母狐不动，并使阴部放低些，这时公狐会顺利地射精，当公狐射完精后，可以放手让其自行粘合弥留。第二天复配时，往往能自然达成交配。

　　每天可放对两次（上、下午各一次），清晨或黄昏喂食前放对配种效果较好。放对前应使种狐先活动起来，天气越暖狐性欲越差，天气寒冷或阴天、下雪，种狐则异常活跃，性欲强，要抓紧时间争取多放对、多配种。在母狐达成初配后，应连续二至三天每天再复配一次，这样可以降低空怀率和增加胎平均产仔数。在每天放对配种时，应先进行复配，当天的复配任务完成后，再集中精力搞好新发情母狐的初配工作。在复配工作中如发现母狐外阴部有明显萎缩迹象时（第二天可能过时），也可在一天复配两次，然后结束配种。此期间管理除注意发情检查、试情、配种外，还应注意防止因工作大意导致跑狐、防止疾病通过狐的密切接触而传播、随时将配完进入妊娠期的狐分群管理等重要问题。

三、妊娠期母狐的饲养管理

● （一）母狐妊娠期的生理变化和常规饲养管理 ●

交配结束后，母狐即进入妊娠期为 40 ~ 50 天。妊娠期的营养需求是全年最高的，因此要做到营养全价、易于消化、适口性强，特别要注意饲料要新鲜。调制饲料时要尽量使原料种类多样化，饲料含有足够量的蛋白质、各种微量元素和矿物质，但脂肪和谷物的含量不要太高，防止过肥造成难产。饲喂量要随着妊娠期的进程逐渐增加。在妊娠前期，由于母狐子宫内的受精卵只限于细胞分裂阶段，并且是游离状态，不需要大量增加营养物质，可保持配种期的饲养标准，不要马上增加饲料量，否则会造成母狐妊娠前期过肥，不利于胚泡着床，降低胎产仔数。在母狐妊娠后期饲料中的动物性饲料相应增加的同时，还应该注意将动物的肾上腺、脑垂体等含性激素的器官摘除，以免母狐食后发生死胎或流产。

母狐妊娠 15 天以后，胚胎发育逐渐加快，这时母狐食欲旺盛，可逐渐增加饲料量。妊娠期母狐饲料应添加 VA、VB、VD、麦芽（做 VE 来源），为保证胎儿骨骼的发育，饲料中要添加鲜骨泥。妊娠期母狐体况保持中、上等为好。可根据母狐肥瘦，灵活掌握饲料量，既保证母狐和胎儿发育的营养需要，又不使母狐过肥。以免发生胚胎吸收、流产以及产后泌乳量不足。

妊娠期母狐性情变得温顺，不愿活动，时常在笼内晒太阳，饲养人员要多同母狐接触。如经常打扫笼舍产箱，经常换水等，通过这样的驯化，母狐便不怕人了，这也便于产仔期的饲养管理。还可适当增加妊娠期母狐的运动，以防止母狐产仔时发生难产。

妊娠后期胚胎发育最快，母狐腹部逐渐膨大下垂，腰部背脊凹陷，后腹部毛绒竖立，毛被纵向分开，接着腹部乳腺周围的毛即向四周分开，而且行动迟缓，不愿出小室活动，临产前常蜷缩于产箱内，并有做窝的观象。此时可用1% ~ 2%浓度的氢氧化钠水刷洗产箱彻底消毒，等产箱晾干后，铺柔软清洁的垫草（如乱稻草、软杂草等），产箱的底部和四周一定要严实不透风。

为了避免母狐妊娠后期胃肠过于充满压迫子宫，影响胎儿营养正常吸收，母狐日喂3次，少食多餐，妊娠后期母狐时常感觉口渴，必须保证充足、清洁的饮水。

● （二）胚胎吸收和流产 ●

胚胎吸收主要是由于母狐饲料营养不够造成的。VA 缺乏时会引起子宫上皮角质化，破坏胚胎的营养吸收。胚胎在妊娠初期 VE 不足，会使胚胎大量吸收。流产的原因包括营养不足，饲料中含有引起流产的激素、药物以及母狐受惊激烈运动导致，调整饲料和保持安静可以避免。

在此期间管理重点是给母狐提供安静舒适的环境，以使胎儿正常发育。狐场应保持肃静、谢绝参观。注意观察狐群饮食、粪便、活动情况，发现有流产表现的，肌肉注射黄体酮 15～20 毫克、VE 15 毫克，以利保胎。

四、产仔泌乳期的饲养管理

●（一）常规饲养管理 ●

产仔期要安排昼夜值班，重点观察预产期临近或将到的母狐，遇有难产的母狐和需要代养的仔狐，可及时采取措施。如果发现母狐难产，首先可用注射催产素的办法帮助母狐产仔，如果不成功可用镊子准确地夹住卡在产道中的仔狐，将其慢慢拽出。当仔狐全部产出后，要给母狐注射盐酸氯丙嗪，然后放回产箱休息。还可以用剖腹产的方法解决难产。临产前母狐多数食欲下降或拒食 1～2 顿，并伴有痛苦呻吟声。产仔多在夜间或清晨进行，产程大约 3～5 小时。母狐产仔后，头一两天很少走出产箱，除在没有人时走出产箱吃食外，其余时间均在产箱中安静地哺育仔狐。还要注意饲料中盐含量不能超标，保证饮水供应，以免口渴母狐吞食幼崽。母狐产后一般需要哺乳 55～60 天，要消耗母狐体内大量营养物质，需要供给优质饲料补充母狐体内消耗，泌乳期饲养管理的好坏，直接关系到母狐健康和仔狐成活。本时期饲料与妊娠期基本相同，但为促进泌乳可补充适量的乳类（牛奶、羊奶、奶粉等）。饲料加工要精细，浓度要稀，以满足其食量，无剩食为益。

仔狐出生后 1～2 小时，胎毛即被母狐舔干，寻找乳头吃奶，吃饱初乳的仔狐便进入沉睡，直至再次吃奶才醒来嘶叫。初生仔狐大约 3~4 小时吃一次奶。有些母狐将仔狐产在笼网上，然后叼入产箱，发现这种情况要及时把产出的仔狐拿到温暖的地方，迅速将胎衣除去，用消过毒的剪刀断剪脐带，用棉纱擦干仔狐全身，等仔狐全部产出后，再把仔狐还给母狐，看它能否在产箱内很好哺乳，假如母狐不哺乳，或乳腺发育不好，要把所产仔狐全部代养。

产后 5~10 天仔狐死亡率最高，所以产后除必要人员外，其他任何人不得接近狐舍。对于经产的母狐，由于它有抚育仔狐的经验，产仔后不必急于开箱检查仔狐情况，通过窃听可判断仔狐是否正常。产后仔狐很平静，只是在醒来未吃到奶时才叫，叫声短促有力，吃到母乳便不叫，仔细听可听到仔狐有力的吮乳咂咂声，说明一切正常。产箱中完全寂静的时候，轻微的一阵响声就可使母狐不安，于是它会离开原处，因而引起仔狐的叫声，这说明仔狐还活着。如果总是听到仔狐嘶哑的叫声，母狐在产箱内不安宁，时而走出产箱，说明仔狐吃不饱，或母狐泌乳有问题，这时必须开箱检查仔狐情况。对于初产或认为有问题的母狐，产仔结束后要马上检查仔狐。一般在产后的头一两天内，母狐护仔性还不是很强，给母狐喂食时，开箱查看仔狐情况，母狐不十分在意，几天后再开箱母狐就容易叼仔乱跑。有的仔狐生下来是活的，但发育很弱，如不及时采取措施抢救，在检查前就已死去。解剖死胎检查肺部，可判断其死亡时间，取出肺放入水中，肺叶浮起，说明死前曾呼吸过，是产后死亡，如果肺沉入水底说明胎儿无呼吸，产出即死亡。母狐清晨或白天产仔，产后的 3 ~ 4 小时内要完成狐仔检查，夜间分娩的，则在清晨喂食时检查。只有下大雪、极严寒的情况下，或母狐母性强赶不出产箱时，才会延期检查。适时检查可保证早发现吃不上奶和软弱的仔狐，及时采取抢救措施，提高仔狐成活率。

首次检查宜在喂食时进行，这时母狐大部分会自动走出产箱采食。其他时间进行检查，最好把母狐从产箱中引出，并给以少许好吃的饲料，以分散它的注意力。无法引出母狐时，可把食盒放在产箱口处，人在远处安静观察、等待，当母狐听不到动静时，便会走出产箱吃食，这时要赶紧关上产箱门，迅速开箱检查仔狐。首先看一下产箱的垫草是否充足，如果垫草少则做不成窝，有时仔狐会睡在无草的木板上，很容易冻死。健康的仔狐大小均一，毛色较深（黑灰色）抱团睡在窝内，拿起在手中挣扎有力，腹部饱满，叫声洪亮，体弱的仔狐大小不一，毛色较浅（灰色），绒毛潮湿、蓬乱，拿在手中挣扎无力，叫声嘶哑，腹部干瘪。发现弱仔要及时处理，否则仔狐很容易死亡。有些仔狐在产出后没有得到母狐的及时护理，或被抛到产箱的一角，很容易冻僵，像死的一样，这时可将冻僵的仔狐拿到室内保温，擦干胎毛，喂给少量维生素 C 溶液，很快即可恢复正常。有的母狐产仔较多，产后没有及时咬断仔狐脐带，而使脐带绕到仔狐脖子上，仔狐会被脐带勒死。发现这种情况应马上剪断脐带，将仔狐救出。已经死亡的仔狐要拿出产箱。检查仔狐的时间不能过长，并尽量保持巢内原状，捉拿仔狐的手要干净，不能有异味。如母狐母性过强无法检查初生仔狐，狐场垫草、产箱密封等产前准备和饲料营养充分的，也可以在产后一周后再进行检查，以免惊扰母狐，发生应激对仔狐反而不利。

● （二） 母狐乳腺的护理 ●

发现仔狐吃不饱，要及时检查母狐乳腺发育情况。泌乳正常时，乳头有弹性，乳腺非常饱满，轻轻按压就有乳汁从乳头里排出；乳头很小，又挤不出乳汁，说明泌乳异常。初产母狐不会拔毛，仔狐找不到乳头无法哺乳时，可人工拔毛露出乳头，帮助仔狐顺利哺乳。

产仔数少，而母狐乳腺又过发达，乳汁丰富，仔狐不能吸住过分充满的乳腺。乳腺胀痛，母狐急躁不安，不趴在产箱内，而开始搬弄仔狐，或在笼内乱跑。母狐乳腺触摸起来感觉很硬，时常发烫，说明乳汁过多，可以人工挤出。先在乳头附近，以后在整个乳腺上进行按摩。在挤乳的时候，要把乳腺涂上少许没有气味的凡士林或其他油脂，当给母狐挤完乳后，要使母狐侧面卧下，并将仔狐放在它的乳头附近，以帮助它们吮乳。当仔狐可以正常吮乳后，母狐也会安静下来，这时可以把它们放回产箱。最好再增加几只仔狐让其代养，这样就不会因泌乳过多而使母狐不安。如果没有代养的仔狐，要缩减它的日粮若干天，并从日粮中排除促进产乳的饲料，如蔬菜和乳类饲料。

当母狐产仔数多，泌乳量又较少，饥饿的仔狐会尖锐嘶叫，总叼着干瘪的乳头吵闹母狐，也会引起母狐急躁不安，搬弄或叼仔。在这种情况下，可以选健壮、大的仔狐让其他母狐代养，或全部代养。通过按摩乳腺，促进母狐泌乳。缺乳的母狐多食欲不振，应给予多样性饲料，特别要增加奶类和蔬菜，提高适口性，增加母狐泌乳量。当然还要注意到仔狐刚好吮过乳，检查时只有少量的乳排出，乳腺也很萎缩，乳头附近的毛很湿，粘在一起，仔狐也很安静地卧着，腹部很饱满，说明一切正常。

有些初产母狐乳头发育非常小，而且新生仔狐不能噙住它们，从而吸不到乳，遇到这类情况，可把日龄较大的仔狐置于该母狐的乳下，让这些仔狐把部分乳腺噙在口里，并用力吮吸之后，就把乳头给拉长了，然后就可以使新生仔狐噙住哺乳。

● （三）仔狐保活技术 ●

检查仔狐时如果发现行动很慢，它们的毛没有光泽，颜色是灰的或是潮湿的，有时"渐渐地身体变凉"，没有生气，要及时对它们予以救治。将弱仔送到暖房里，用纱布把潮湿的仔狐擦干，按摩或在温暖的炉子附近能使冻僵的仔狐恢复体温。冻僵的仔狐看起来像死了一样，但按摩一会可以恢复其生命，对所有软弱的仔狐，要立刻用滴管或汤匙喂 1.5～2 毫升的 VC 溶液。使用 VC 溶液要用时现配，以免分解变质。能吮吸的仔狐，最好用奶嘴喂给，用一次性注射器和自行车气门芯制成，仔狐虚弱无力吮乳时，要小心地用滴管慢慢地滴入仔狐口中，让其自行咽下，避免硬灌呛死仔狐。喂完 VC 后，可以再喂乳。喂乳最好是将母狐仰卧固定，然后把仔狐放在母狐乳头上让其自行吮吸，不能吸乳时，也可用滴管滴喂挤出的母狐鲜奶，或用羊奶代替，每隔 3～4 小时哺乳一次，仔狐吃饱时，就不再吮吸了。仔狐吃奶后要放在屋内温暖的地方，喂养 2～3 天后，多数能恢复正常，当仔狐强壮起来，并开始吮吸母乳后，要把它们与母狐一起送回原处。仔狐单独放置时，需要在喂乳前人工按摩仔狐腹部，从胸口到肛门轻轻按摩，这样仔狐才能顺利排出粪便。

● （四）仔狐的代养 ●

母狐产仔过多时，多出的仔狐可分给产仔较少的母狐代养。要求"乳母"产仔数不超过 5 头，泌乳能力优良，母性强，产仔期与代养仔狐相近。在代出的窝内选健康的仔狐拿出，剪下头部少许胎毛便于以后识别，放在"乳母"产箱口处，狐的母性很强，当听到外边的仔狐叫声，会马上出来将其叼回窝。也可趁代养母狐不在窝内时迅速将仔狐放入其窝内。放入后要先观察一会，看看母狐进窝后有无不良反应，如果母狐进入窝内仔狐很快就安静下来，则代养成功。在代养过程中应注意手上不要有异味，只要手干净，没有特殊气味（如医疗药剂、煤油、苯、肥皂、香脂等）即可。

● （五）补饲技术 ●

随着仔狐日龄的不断增长，母狐的食欲越来越强，食量也增加。应该相应增加饲料数量提高饲料品质，特别是增加动物源蛋白质和多种维生素的饲喂量，使母狐有足够的营养保证泌乳正常、维持体况。食欲较差的母狐，多数很瘦，泌乳能力也差，仔狐成活率低，要适当调整饲料，增加适口性，促进其食欲提高，最好将其仔狐部分或全部分出代养。仔狐 20 日龄后，开始同母狐一起采食，要增加母狐的饲料量。补饲量的多少，根据母狐产仔数和仔狐日龄逐渐增加，具体数量可根据母狐和仔狐的采食情况灵活掌握。哺乳期间应密切注意仔狐生长发育情况及母狐体况肥瘦，以此来判断母狐泌乳情况。母乳严重不足时仔狐因饥饿总是叫个不停，要及时将仔狐分出代养或单独给仔狐补饲易消化的粥状饲料。

● （六）关于母狐叼仔问题 ●

由于人工驯养的历史很短，狐野性还很强，特别是在产仔期，当受到外界不良刺激时，容易出现叼仔现象，轻者把仔狐咬伤，严重的会把全部幼崽吃掉。

保持狐场环境安静是最重要的措施。母狐配种后要安置在较安静的地方，不可经常移动。换一次地方，母狐就会产生不安全感，尤其是在产仔期。产前要检修笼舍产箱、铺好垫草，不要等到产仔后出现问题时再处理。遮雨棚要安牢，以免漏雨或刮大风时产生响动。产仔期要有固定的饲养人员负责喂养产仔的母狐，喂食时动作要轻，避免发出突然的声响。

叼仔现象多发生在母狐产后第 3~10 天，要认真分析原因。如果是因为由环境不安静引起的，环境安静下来后，母狐也就不叼仔了；如果环境安静下来还不能使母狐停止叼仔，可将母狐关在产箱（产箱活动范围小，比较黑暗，母狐容易平静下来），一般只要 20~30 分钟，母狐就会平静下来。如果母狐还不安静可将母仔分离一段时间（一般 1~2 小时），这段时间母狐叼不到仔狐，慢慢也会平静下来。对这些措施不见效的母狐，可以饲喂或肌肉注射氯丙嗪，一般连续给药2~3 天可见效。母狐安静下来，再将抢下保温的仔狐送回产箱让母狐哺乳，这样可以挽救被叼仔狐的生命。

五、母狐静止期的饲养管理

静止期也叫恢复期，进入静止期的母狐，一方面因为产仔泌乳期体能消耗大，需要补充能量加强饲养；另一方面因为其年度主要任务已完成，饲料营养水平可相对降低，等到下一轮繁殖准备时再进行特殊喂养，在产仔泌乳期发现难产、乳汁过少、母性不强的母狐下年度不做种用，按取皮狐标准饲喂即可。管理按日常方法进行即可。

第四节　狐育成期的饲养管理

狐一般在 40～50 日龄分窝，人工补饲或母狐护理能力丧失的应提前分窝。从分窝到性成熟是狐的育成期，育成期的狐特点是食欲旺盛，生长发育很快，是决定以后体型大小的关键时期，在此期间一定要保证育成狐生长的营养需要，饲料中应注意钙、磷、维生素 D 和蛋白质的供给，本时期为防止黄脂肪病和肠炎，可在饲料中添加适量的维生素 E 和土霉素等抗生素。饲料调制和数量可以分成两期考虑，前 60 天营养水平适中，保证饲料足量自由采食，之后一直到取皮，营养水平逐渐上调特别要注意供给足够的蛋白质和脂肪。饲喂量以吃饱为好，育成期仔狐的饲料营养成分如下：肉、鱼等动物性饲料占 68%，谷物性饲料占 25%，蔬菜占 7%，适当添加骨粉补充钙质。分窝时将母狐提出，幼狐在原窝饲养，一段时间（一两周）后，幼狐再分成 3～4 只一组同笼饲养，这样可以使幼狐由于争食而保持旺盛的食欲。喂食要及时，每次喂食量以喂后半小时内不剩食为准，喂完要及时把食槽捡出笼外，以免弄脏。分窝 2～3 周进行犬瘟热、病毒性肠炎疫苗接种。9—10 月份以后，幼狐体型已接近成狐，可进行选种工作，选出的种用狐和皮用狐应分群饲养。

保证狐舍卫生条件：育成期正值夏季，要保持狐舍的卫生，注意防暑，最好不让幼狐进入产箱，笼内比较干燥，粪便能及时漏下，可保持育成狐皮肤卫生，被毛干净，这是育成期的关键问题。

加强饮水：不论是夏季还是冬季，都要保证水盒里有洁净、充足的饮水，冬季可用干净的冰雪碎屑补充。

搞好防暑、防寒工作：狐不耐热，在夏季应该搞好防暑工作，以免因中暑而发病甚至死亡，具体是保障饮水，搭建遮阳棚，避免阳光直射。狐虽然耐寒，但是特别寒冷的地区气温甚至会降到 -40℃，所以也必须做好防寒保温工作。

另外要注意避免人工延长光照，否则会影响正常的换毛，降低毛绒品质，严重的会影响性器官的发育，造成发情迟缓或繁殖失败。

做好观察和记录，为选种作准备，还要认真检修笼舍防止划伤皮毛或发生跑狐。

第五节　狐冬毛生长期的饲养管理

一、冬毛生长期狐的生理特点

进入 9 月份，幼狐由主要生长骨骼和内脏转为主要生长肌肉、沉积脂肪，同时随着秋分以后的日照周期的变化，将陆续脱掉夏毛，长出冬毛。此时狐新陈代谢水平仍很高，蛋白质水平仍呈正平衡状态，继续沉积。因为毛绒是蛋白质的角化产物，故对蛋白质、脂肪和某些维生素、微量元素的需要仍是很迫切的。此时狐最需要的是构成毛绒和形成色素的必需氨基酸，如含硫的胱氨酸、蛋氨酸、半胱氨酸和不含硫的苏氨酸、酪氨酸、色氨酸，还需要必需的不饱和脂肪酸，如亚麻油二烯酸、亚麻酸、二十四碳四烯酸和磷脂、胆固醇，以及铜、硫等元素，这些都必须通过饲料足量获得。

二、取皮狐的饲养管理

适宜的营养水平是生产优质狐皮的保障。动物性饲料应由鱼、肉、内脏、血、鱼粉等几种组成，保证提供平衡的氨基酸营养。本时期要注意维生素 A、维生素 E 的补充。饲料中还可添加少许油脂以提高狐毛皮光泽度。

在目前的狐饲养中，比较普遍地存在着忽视冬毛生长期的弊病，不少养殖户单纯为降低成本，而在此期间采用低劣、品种单一、品质不好的动物性饲料，甚至大量降低动物性饲料的含量。结果因营养不良导致大量出现带有夏毛、毛峰钩曲、底绒空疏、毛绒缠结、零乱枯干、后裆缺针、食毛症、自咬症等明显缺陷的皮张，严重降低了毛皮品质。狐生长冬毛是短日照反应，因此，在一般饲养中，不可任意增加任何形式的人工光照，并把皮狐养在较暗的棚舍里，避免阳光直射，以保护毛绒中的色素。

从秋分开始换毛以后，应在小室中添加少量垫草，以起到自然梳毛的作用。同时要搞好笼舍卫生，及时维修笼舍，防止沾染毛绒或锐利刺物损伤毛绒。添喂饲料时勿将饲料沾在皮狐身上。10月份应检查换毛情况，遇有绒毛缠结的应及时活体梳毛。因为取皮狐不涉及留种，应用人工控光养殖，促进毛皮提前成熟，可以节省大量饲料。还有实践证明使用褪黑激素可以促进毛皮提前大约1个月成熟，正确使用可以收到节约饲料和人力成本的双重效益。

第六章 狐的繁殖与育种

第一节 蓝狐选种选配技术

选种就是选择种畜，是指运用各种科学方法，选出较好的符合要求的蓝狐个体留作种用，增加其繁殖量，以尽快改进群体品质。

一、选种遵循如下特征

● （一）体形外貌特点 ●

头部：头型较小而圆；耳小，耳部有柔软的绒毛；吻短。躯干：颈与头、肩部衔接良好；肩高平、中等宽；胸肩后方无显著凹陷；背腰平直、丰满；尾长，尾毛蓬松。四肢：强壮，短小而匀称；足垫部生有密毛。

● （二）被毛品质 ●

丰厚平齐，富有光泽，毛色纯正；针毛可分为褐色、淡褐色、蓝色和白色；绒毛柔软、纤细、致密，呈灰色、淡灰色和白色。

● （三）生产性能 ●

繁殖性能：蓝狐10月龄～12月龄性成熟，年季节性繁殖一胎，3月上旬至5月中旬配种，妊娠期平均为52d，胎平均产仔7.5只。

生长性能：仔狐生长发育迅速，其绝对增重在60～120日龄最快，180日龄接近成年狐的体型。

二、选种的标准

● （一）种狐分级标准 ●

鉴定等级标准：种狐等级鉴定分成年狐（1周岁以上）和育成狐分别进行，种狐品质鉴定均分三个等级，见表6－1和表6－2。

表6－1　成年狐等级标准

项目		一级		二级		三级	
		指标	分值	指标	分值	指标	分值
体重/g	公	>7 600	12.1～14	7 100～7 595	10.1～12.0	<7 100	8.0～10.0
	母	>7 200	12.1～14	6 700～7 195	10.1～12.0	<6 700	8.0～10.0
体长/cm	公	>70.0	17.1～20	65.0～70.0	15.1～17.0	<65.0	10.0～15.0
	母	>65.0	17.1～20	61.0～65.0	15.1～17.0	<61.0	10.0～15.0
针毛细度/um		<54	10.0	54～55	8.0	>55	6.0
底绒颜色		淡褐色	9.2～10	褐色	8.1～9.0	深褐色	7.0～8.0
被毛光泽		好	12.1～14	较好	10.1～12	一般	8.0～10.0
被毛弹性		弹性强	10.1～12	富有弹性	8.1～10	有弹性	6.0～8.0

表 6 - 2　幼狐等级标准

项目	一级		二级		三级	
	指标	分值	指标	分值	指标	分值
同窝仔狐数	>10	20	8~10	17.1~19	<8	0~17
45日龄断乳体重　公	>1 580	30.1~35	1 450~1 579	25.1~30	1 330~1 449	20.1~25
母	>1 490	30.1~35	1 370~1 490	25.1~30	1 230~1 369	20.1~25
断乳成活率	90.1~100	20.1~25	80.1~90	15.1~20	70~80	10~15
健康状况	优	17.1~20	良	14.1~17	差	11~14

● （二）选种时间 ●

选种按成年狐（1周岁以上）和当年幼狐分别进行。选种时间分别是初选、复选和终选。

初选是在5月~6月份对成年狐根据选种标准进行。当年幼狐在断乳时（40日龄），根据同窝仔狐数及生长发育情况、出生早晚进行初选。在初选时，凡符合选种条件的成年狐全部留种，幼狐应比计划数多30%。

复选是在9月~10月份，根据脱毛、换毛、生长发育、体况恢复情况，在初选的基础上进行复选，选定的数量应比年末留种数多25%左右。

精选是在11月在去皮之前，根据毛被品质、半年的实际观察记录、祖先记录和后裔的质量水平进行严格选种，选定的数量应是留种计划数。

三、测定性能

● （一） 生长性能 ●

体长：用直尺量取鼻端到尾根的直线距离。体重：每次测定日清晨称量空腹重。

● （二） 繁殖性能 ●

主要依据当年繁殖性能和后裔测定，成年公兽还需要考虑，精液品质、与配母兽数、母兽受配率成年母兽考虑发情时间、产仔时间、胎产仔数、产活仔数、分窝成活数、母性等方面。

1. 精液品质

主要包括精液量、精子活率、畸形率和顶体异常率。

精液量是指测量公兽的精液量需隔天采精一次，连续采精 3 次，取三次精量总和的平均值为公狐的精液量；

精子密度，鲜精液外观颜色（乳白，灰白），使用细胞吸管作适当稀释后计算在 400 倍光学显微镜下用细胞记数板计数（亿个/毫升）精子密度。

精子活率是指前进运动精子占精子总数的比率用生理盐水或等渗稀释液稀释后，取一滴精液于载玻片上制成压片标本，置 38℃ 恒温显微镜载物台上在 400 倍下观察。

精子畸形率指精液中畸形精子占精子总数的比例。凡是形态不正常的精于均为畸形精子，如无头、无尾、双头、双尾、头大、头小、尾部弯曲，带原生殖滴等。

顶体异常率是指顶体异常的精子占精子总数的比例。

2. 与配母兽和受配率

与配母兽是指在一个情期内，与公狐配种并受孕的母狐数（以复配一次计算）。

受配率是指成功接受交配的母狐数占全群母狐数的百分比，接受一次交配和多次交配一并进行统计。

$$受配率(\%) = \frac{受配母狐数（只）}{全群母狐数（只）} \times 100\%$$

妊娠期是指从最后一次配种到产仔的以天计算的时间间隔。

发情季节是指在自然状态下，季节性发情动物北极狐发情配种的季节。

胎产仔数：一只生产母兽在一个繁殖期内包括死胎和畸形胎在内的一窝实际产仔数。每胎平均产仔3~8只。

产活仔数：一只生产母兽在一个繁殖期内所产的活仔狐数。

群平均产仔数：指全群母兽所产的活仔狐数除以参配母狐数。

断奶成活率：全群断奶后成活的仔兽数占所产的仔兽总数（包括所产的死亡仔兽）的百分比。

$$断奶成活率(\%) = \frac{断奶仔狐数（只）}{生产仔狐数（只）} \times 100\%$$

留种母兽数：母兽留种总数。

产仔母兽数：受孕并产仔的母兽数。

窝产仔数：一窝实际的产仔数（其中包括死胎、畸形在内）。

产活仔数：一窝所产下活的仔兽数。

公兽配种能力：在一个情期内，与公兽配种并受孕的母兽数（以复配一次计算）。

● （三）毛皮性能 ●

主要依据毛绒品质、健康状况和后裔鉴定等指标，其中指标主要包括，体重、体长和松弛度的测量；毛绒品质则包括被毛颜色、针绒毛长（十字部、背部1/2、臀部和腹部）、针绒毛比、针绒毛细度和密度、毛的质地、毛的光泽等性状。其中：

1. 针绒毛长度

扒开被毛，压下观察毛色；用毫米尺测毛根至毛尖针、绒毛长。以厘米为单位。

2. 毛细度

在光学显微镜 100 倍下用微米尺测针毛、绒毛直径。以微米为单位。

3. 毛密度

量取 1 平方厘米取样区，用弯头剪取毛样，作好标记，在毛皮检测室进行分别计数针、绒毛根数，所计针、绒毛根数和即毛密度（根/平方厘米）；针、绒毛根数比为针、绒毛密度比。

4. 毛丝状感及丰满度

有经验人员用肉眼观察针绒毛是否分布均匀或手感的丰满与空疏、柔滑与粗糙估测毛丝状感及丰满度。

● （四）测定饲养管理条件 ●

测定个体的营养水平和饲料种类应相对稳定，并注意饲料卫生条件。

同一场内测定个体的圈舍、运动场、光照、饮水和卫生等管理条件应基本一致。

测定单位应具备相应的测定设备和用具，并指定经过培训并达到合格条件的技术人员专门负责测定和数据记录。

测定种兽必须由技术熟练的工人进行饲养，并有具备基本育种知识和饲养管理经验的技术人员进行指导。

严格按照有关规程的要求，建立严格的测定制度和完整的记录资料档案。

● （五） 测定种兽的条件 ●

测定种兽的个体号（ID）和父、母亲个体号必须正确无误。

测定种兽必须是健康、生长发育正常、无外形缺陷和遗传疾患。

测定前应接受负责测定工作的专职人员检查。

● （六） 留种比例 ●

1. 数量

选留公母狐的比例一般为 1：3～5。

2. 年龄

比较理想的种狐年龄结构当年幼狐占 25%，2 年龄狐占 35%，3 年龄狐占 30%，4 岁～5 岁的占 10%。在种狐群中，当年幼狐比例较大时，可多留几只公狐。

●（七）种狐品质鉴定方法 ●

1. 个体鉴定

即对个体性状的表型直接鉴定。适用于遗传力比较高的性状，如体型、毛色、毛质、抗病力等。

2. 家系鉴定

又称同胞鉴定，即对每个家系（同胞和半同胞群体）的表型平均值的鉴定。适用于遗传力较低性状如繁殖力等性状的选择。这在初选时有重要作用。

3. 系谱鉴定

即根据祖代和后裔的品质、性能比较对亲代性状进行鉴定。优选后裔性状优良的亲代继续作种用。

第二节 良种选配技术如下

一、选配原则

●（一）毛绒品质 ●

公狐的毛绒品质，特别是毛色，一定要优于或接近母狐才能选配。毛绒品质差的公狐与毛绒品质好的母狐选配，其后代性状不佳。

●（二）体型 ●

大体型的公狐与大体型的母狐或中等体型的母狐之间选配为宜。大体型公狐与小体型母狐或小体型公狐与大体型母狐之间不宜选配。

● （三） 繁殖力 ●

公狐的繁殖力以其本身的配种能力和其子女的繁殖力来反映，要优于可接近母狐的繁殖力，才可选配。

● （四） 血缘 ●

3 代以内无血缘关系的公、母狐之间可选配。有时为了特殊的育种目的，如巩固有益性状、考察遗传力、培育新色型等，也允许近亲选配，但在生产上必须尽量避免。

● （五） 年龄 ●

原则上是成年公狐配成年母狐或当年母狐，当年生分狐配当年生母狐。

二、选配方式

● （一） 同质选配 ●

是将性状相同、生产性能表现一致或具有相似育种价值的优秀公母狐选配。同质选配时，在主要性状上公狐不能低于母狐。同质选配的后代具有双亲的优良性状，并能使双亲优良性状得到巩固和提高，扩大具有该优良性状的狐群个体数量。同质选配常在狐的纯种繁育时采用。

● （二） 异质选配 ●

是将具不同优良性状异质个体进行选配。异质选配的后代兼有父母双亲的优良性状。或者，选择狐的某一性状（如体型或毛绒品质）有一定差异的公母狐（公狐性状应优于母

95

狐）进行选配，以优良性状纠正不良性状，改进和提高后代的性状。异质选配有利于改良原狐群的品质，综合有益的性状，提高生产性能。

第三节　狐人工授精技术

狐狸人工授精技术是当今世界毛皮动物养殖业的一项不断深入研究并且迅速推广应用的重大项目。人工授精不仅能够提高种公兽的利用率，降低养殖成本，加快兽群的改良进度，而且还能解决自然交配存在的困难，并能有效控制母狐生殖系统疾病的传播。目前，狐狸繁殖配种工作基本已由人工授精技术所替代。

我国的毛皮兽人工授精技术的研究，尤其在推广与应用方面相对较晚，第一个正式的狐狸人工授精服务站始建于1994 年（杜尔伯特）主要用于解决养狐生产中自然交配困难母狐的繁殖，同期大连金州貂场亦将人工授精技术用于生产，从而获得高价格的皮张。芬兰大体型兰狐的引进，对我国狐狸人工授精技术在生产上的应用起到了有力的推动作用。狐狸实施人工授精技术的推广应用，对提高我国养狐业毛皮品质起到了促进作用，增大改良狐群体型，增加了绒毛密度，针、绒毛平且整齐，减少了种公狐饲养量，降低了成本。但由于缺乏一定的规范，养狐生产者使用效果不一。

由于狐狸的人工授精工作技术要求高，从采精、检验、稀释、分装、保存到输精是环环相扣，无论哪一环节出了问题，都会影响到最后的受胎效果。因此，为方便狐狸人工授精技术的推广和应用，为进一步提高我国狐遗传进展和生产水平，借鉴国外经验在总结狐狸人工授精技术工作的基础上，制定了本操作技术流程。

一、狐狸人工授精的设施与用品

●（一）采精输精室 ●

位于饲养区上风向，距养殖区保持适当距离，并设隔离墙，室外设置待采精公狐笼和待输精母狐笼若干。

建筑围护结构和室内装修，应选用气密性良好、保温、隔音效果良好，且在温度和湿度等变化作用下变形小的材料。

内墙壁和顶棚的表面，应符合平整、光滑、不起灰、避免眩光、便于除尘等要求；应减少凹凸面，阴阳角做成圆角。

地面应符合平整、耐磨、易除尘清洗、不易积聚静电、避免眩光、并有舒适感等要求。

门窗、墙壁、顶棚、地（楼）面的构造和施工缝隙，均应采取可靠的密封措施。

面积 $4 \sim 8m^2$，通过传递窗与精液处理室相连。门窗设窗帘，室内根据面积配备相应功率紫外消毒灯（$2 \sim 2.5w/m^3$）和空调。

墙体、地面应硬化，设置地漏，便于清洗。

根据生产规模设保定架若干，保定架高 $110 \sim 130cm$，平台面用铁丝网制。成，距地面 $80 \sim 95cm$（依采精人员身高设计），长 $80cm$、宽 $60cm$，架下设接粪尿托盘。

室内设 $37℃$ 保温箱，用于预热集精杯、输精针和阴道套管以及待输精液的临时保存。

室内设棉纱缸、消毒盘、垃圾桶。

每天工作结束后及时清理垃圾，地面冲净、晾干，开窗通风，然后用紫外线灯消毒1h。

室内禁止吸烟

● （二）精液处理室 ●

仅通过传递窗与采精室相连。

清洁卫生，基本达到无菌室要求。

建筑围护结构和室内装修，应选用气密性良好、保温、隔音效果良好，且在温度和湿度等变化作用下变形小的材料。

内墙壁和顶棚的表面，应符合平整、光滑、不起灰、避免眩光、便于除尘等要求；应减少凹凸面，阴阳角做成圆角。

地面应符合平整、耐磨、易除尘清洗、不易积聚静电、避免眩光、并有舒适感等要求。

门窗、墙壁、顶棚、地（楼）面的构造和施工缝隙，均应采取可靠的密封措施。

面积 $4\sim8m^2$，通过传递窗与精液处理室相连。门窗设窗帘，室内根据面积配备相应功率紫外消毒灯（$2\sim2.5w/m^3$）和空调。

墙体、地面应硬化，设置地漏，便于清洗。

墙壁安装足够的电源插座和开关，最好安装地线，设工作台、水池等。

可分为处理保存室和清洗室，中间可用透明玻璃窗隔开，前者主要用于对精液进行检查、稀释、分装和保存，并通过传递窗向输精室发放；后者用于对精液处理用具和器械的清洗、消毒烘干以及稀释液配制等。

● （三）精液处理所需主要设备 ●

1. 显微镜

观察精子活率（100 或 160 倍）和精子畸形率（400 倍）（最好配备摄像显示屏系统的相差显微镜或精子分析系统）。

2. 水浴锅

预热稀释液。

双蒸水器：制备溶解稀释粉用的双蒸水（购买合格的双蒸水可省略）。

3. 干燥箱

干燥输精针、玻璃器皿或塑料用具等。

4. 37℃恒温板

预热载玻片和盖玻片，以观察精子活率。

5. 超声波清洗器

清洗集精杯、输精针、阴道套管等。

6. 普通冰箱

保存稀释粉和稀释液等。

7. 细胞计数板或精子密度仪

测定精子密度（若有精子分析系统可省略）。

8. 17℃恒温箱

用于第二天用精液的保存，要求温差不超过 ±1℃（生产无系谱要求皮兽可省略）。

9. 电子天平

称量精液和稀释液，要求最少称量 0.01g。

10. 磁力搅拌器

配备稀释液溶解用（若购置商品稀释液可省略）。

11. 电脑或配种记录本

记录和处理数据。

12. 有条件的单位最好直接购买商品化稀释液

● **（四）精液处理室注意事项** ●

所有用具和器皿使用后都要按要求清洗清理、摆放整齐整洁、干燥干净，需要消毒的必须进行有效消毒。物品、器皿的清洗、消毒方法：所有器皿应以洗洁精或洗衣粉清洗干净，再以蒸馏水漂洗，60℃干燥（玻璃用品干燥温度可高于100℃）后，以锡纸包扎器皿开口，玻璃器皿180℃1小时进行干热灭菌，非耐热器皿、用具以高压灭菌器121℃20分钟湿热灭菌。

显微镜使用后，工作台调至下端，亮度调到最小，关闭电源。显微镜所用镜头均经校验，不可自行扯开，弄脏的镜头用擦镜纸，沾少许二甲苯轻轻揩拭，显微镜镜头（目镜和物镜），应每2周用二甲苯浸泡一次，保持清洁；镜面灰尘用吹风球吹去。

双蒸水发生器的横式烧瓶5~7天清洗1次，水垢较厚时用盐酸溶解，清水清洗数次后，生产10分钟内的单、双蒸水弃用。

精子计数仪保持清洁干燥。

恒温水箱每周彻底清洗1次，更换水及清理污垢。

精液处理室要求整洁、干净、卫生，每天清洁地面1次，对所有操作平台擦净1次，确保无灰尘。每周彻底清洁一次。

操作人员身着干净清洁的专用衣服、鞋、帽，做到无菌操作。非操作人员不得进入化验室；禁止在精液处理室抽烟、吃零食，或做与精液生产无关系的事情。

所有仪器设备应在仔细阅读说明书后，由专人按操作规程使用和维护保养；特别是高压蒸气灭菌器，超声波洗净器，双蒸水器使用时更应注意人身安全。

各种电器设备应按其要求选择适应插座，除冰箱、精液保存箱、恒温培养箱等外，一般电器要求人走断电，干燥箱无人时设定温度不应高于100℃。

稀释液的配制、精液检查、稀释、分装一定按照人工授精操作规程进行。

采精室与精液处理室之间的传递口的两测窗只有在传递物品时才能按先后顺序开启使用。

二、采精

●（一）采精前的准备●

1. 采精室准备

提前打开空调保证温度在20～25℃，打开紫外线保证有效浓度消毒。清洗卫生干燥干净。注意紫外线有杀精作用，注意精液防护。

2. 采精输精用具及稀释液准备

将采精杯、玻棒、载玻片、输精针、阴道套管预热至37℃。按生产计划将所需要量的稀释液放入37℃水浴锅进行预热。

3. 采精员准备

采精员剪净指甲，用肥皂水将手洗净，将双手用洁净水冲净，带上一次性手套，穿上工作服。采精过程中，避免身上带有较浓的刺激气味。

4. 消毒

公狐准备助手将待采精公狐抓至采精架，采精员先用温热肥皂水清洗公狐的阴部（阴茎、阴囊），因为此处油污较多，然后用温清水冲净，再用1/1 000百毒杀或新洁尔灭将公狐腹部毛浸湿。干湿程度应以不往下滴水为准。过湿消毒液则会滴到集精杯内杀死精子。过干则会使一些灰尘及被毛落入精液。造成污染。消毒液的温度应在 40～50℃ 之间。因为温度过低会造成公狐性欲降低。

● **（二）采精操作**

1. 按摩采精法

最常用、最有效、对公狐刺激最小的方法

将公狐放在保定架内或辅助人员将狐保定好，辅助人员一手握颈钳夹住头颈部，另一手握住尾部，并将尾部适当提起，使公狐呈站立姿势。进行消毒后稍等 1～2 分钟，采精时采精员一手握 37℃ 集精杯，另一手轻轻按摩其阴茎，待勃起时把公狐阴茎由其两后腿中间拉向后方。握住集精杯作好接精准备，再快速按摩数次，即可出现射精。公狐射精时，首先射出的是副性腺分泌物，不宜收取，待射出乳白色精液后及时用集精杯接取。公狐射精过程中仍需对其按摩刺激。整个按摩采精时间需 10s～5min。

注意：采精时动作的辐度与力度不能过大、过重，以免损伤阴茎，并可防止振落被毛和皮屑落入集精杯内，污染精液。

当把公狐阴茎拉到后方后，应按摩阴茎球后方部分，动作尽量轻快。

集精杯一定要握全，保持与手温相同。

采精者手部不可过凉，以免降低公狐性欲。

射精的最开始部分多混有尿液等杂物，不可接入集精杯。

采完精后应轻轻把充血的阴茎球按回原状，并把阴茎复位。

2. 电刺激采精法

针对一些攻击性强、性情暴烈、胆小易惊、性欲低下、对按摩法采精不敏感的优良公狐和配种后期的公狐，按摩法采精通常十分困难，操作起来有一定的危险性，而且成功率不高。如果采不到优秀的新鲜精液，也就生产不出优秀的后代，还影响生产进度安排，造成较大损失。公狐采不到精就会导致提前淘汰，造成较大的经济损失。为降低损失可采用电刺激采精法。

消毒同前，采精公狐采用乙醚或安定 5mg/只、盐酸氯胺酮 10mg/kg 体重麻醉保定法。

将采精器电压调至 0V，把消毒过的直肠探棒插入公狐直肠内 8～12cm，打开电压开关，一档一档升高电压，刺激公狐射精中枢，直至射精。一般在 2～3V 公狐阴茎勃起，开始充血；至 4～6V 时（一般不超过 10V），公狐即可开始排精，用带刻度的集精杯收集精液。公狐射精时，首先射出的是副性腺分泌物，不宜收取，待射出乳白色精液后及时用集精杯接取。

采精完毕后，将粗、细全部调回零，关闭电源，拔掉电源插头，拿出直肠探棒，清洗消毒擦干。置于干燥处保存。

● （三） 记录 ●

采精完后，通过传递窗口交给精液处理室立即进行精液处理。助手将公狐放回原笼。采精完毕立即填写《公狐采精登记表》。

● （四） 采精频次 ●

按摩法隔天采精 1 次，电刺激采精法每周不超过两次。

● （五） 注意事项 ●

在预计母狐发情前一周进行种公狐繁殖性能检测，要将所有公狐人工采精一次，将所得精液样本分别做实验室常规检查，其目的有二：一是排除附睾内老化变质的精子；二是剔除精液品质低劣的公狐以便及时补充。

不能仅凭一次采精的检查结果淘汰种公狐，应以隔 2 ~ 3 天后重复采精检查结果作为取舍依据。

有些青年公狐初期采精效果可能稍差。

检测时如发现某些公狐系带粘连可行手术剪断，包皮炎和睾丸炎等需用广谱抗菌素治疗，待完全治愈后方可使用。

根据种母狐的数量和发情进度合理地安排好种公狐的采精时间和采精频率，以有效的充分利用种公狐。

优质种公狐除了具备体态特征外，最重要的是其遗传性能（后代表现）。具体到采精时就是能够提供数量多活力高的精子。

种公狐的遗传性能和其精子的受精能力，不同公狐间存在着差异。

安排采精种公狐时应根据预计发情母狐数计划预留出未来 1～2 天可供采精的公狐。

每日获取精子的总量，应能够满足使每只母狐都能输入足够量的精子（7000 万），同时又要避免不必要的浪费；

对于优质种公狐应使其优良基因得以充分扩散，因此在保证其精液品质不受影响的前提下，应最大限度地充分使用，而精液品质差的公狐尽量少用或不用。

三、精液品质检查

精液品质检查的目的是：

鉴定精液品质的优劣，确定精液是否可以利用；

根据检查结果，了解公狐的营养水平和生殖器官的健康状况；

了解饲养管理和繁殖管理对公狐的影响；

反映采精技术水平和操作质量；

依据检查结果，确定稀释倍数，保存和使用的预期效果；

通过检查了解外界环境对公狐生殖力的影响，如饲料、空气和水源污染对公猪精液品质的影响等。精子是对外界环境最灵敏的指示剂。轻微的毒物、毒性对人和动物体的反映还不明显的时候，对精液品质早已有了显著的变化。

● （一）精液处理室的准备 ●

确保精液处理室干燥干净，温度适宜（22～25℃），空气新鲜，相对湿度 70%。每次操作完，处理室要清理干净，并开启紫外线灯密闭消毒 1～2 小时，打开门窗，通风换气。

● （二） 精液外观检查 ●

1. 颜色检查

正常精液颜色是乳白色或浅灰色，若精液红色（混有血液）、黄绿色（有脓或炎症）、褐色（被污染）等均为不正常。

2. 气味检查

正常精液略带特殊微腥味，若有其它气味均为不正常精液。

3. 射精量

正常射精量为 0.1～1.5ml，精液量的多少因品种、品系、年龄、采精间隔、气候、采精手法和饲养管理水平等不同而不同，应注意对于采精量过少的精液不能随意丢弃，应进行密度检查，因为很多情况下射精量少的精液精子密度很高。

● （三） 精液密度检查 ●

指每毫升精液中所含的精子总数，单位为亿/ml。正常公狐的精子密度为 2.0～13.0 亿/毫升，有的高达 16.0 亿个精子/毫升。检查精液密度的方法有以下几种：

1. 目测法

在 16×10 倍显微镜下观察。密：精子运动时，精子之间间距小于 1 个精子（3 亿/ml）；中：精子之间间距等于 1 个精子（2 亿/ml）；低：精子之间间距大于等于 2 个精子（1 亿/ml）。或用视野精子数估测法进行估测，回归方程：$y = 0.318732X \pm 0.0111555$，即在 10×40 倍显微镜下，视野精子数每增加 10 个时，其精液的密度增加 10×10^6 个/ml，此法虽然简单实用，但误差较大。

2. 血细胞计数板计数方法

以微量加样品取具有代表性原精液 10μl，3% NaCl 90μl，混匀，使之稀释 10 倍；在血细胞计数室上放一盖玻片，取 1 滴上述精液放入计数板的槽中，靠虹吸将精液吸入计数室内；在高倍镜下计数 5 个中方格内的精子总数，将该数乘以 50 万，即得原精液每毫升的精子数（即精液密度）。此方法虽然准确，但是费时费工。为了减少误差，最好进行两次计算。如果两次误差大于 10%，则应作第三次计算，然后计算出平均数。

进行精子计数的中方格数可以是四角一中心共 5 个中方格或从左角到右下角五个中方格。

以图示次序计数，精子的头部为准，依数上不数下，数左右不数右的原则进行计数格线上的精子。白色精子不计数。

3. 精子密度仪/分光光度计

只需将一滴精液加入分光光度计中，就可以很快得到所需的原精液精子密度和精子总数。它极为方便，检查时间短，准确率高。若用国产分光光度计改装，也较为适用。该法有一缺点，就是会将精液中的异物按精子来计算，应予以重视。

● （四） 精液活力检查 ●

1. 精子活力

指原精液精子的运动能力，用镜检视野中呈直线运动的精子数占精子总数的百分比来表示。

2. 精液活力评级

精子活力的高低与受配母狐的受胎率和产仔数有较大的

关系。精子活力是精液检查的主要指标。因此，每次采精后及使用精液前，都要进行活力的检查，检查精子活力前必须使用 37℃ 左右的保温板预热：一般先将载玻片放在 38℃ 保温板上预热 2 至 3 分钟，再滴上 1 小滴精液，盖上盖玻片，使充满精液且无气泡，然后在显微镜下进行观察。精子活力一般采用 10 级制，即在显微镜下观察一个视野内作直线运动的精子数，若有 90% 的精子呈直线运动则其活力为 0.9；有 80% 呈直线运动，则活力为 0.8；依次类推。新鲜精液的精子活力以高于 0.7 为正常，稀释后的精液；当活力低于 0.6 时，则弃去不用。此外，也可以使用精子活力检测仪进行精子活力的检测和评级。没有载物台恒温设备的实验室，可将预温至 37℃ 的厚玻璃板和载玻片叠在一起，取 10ul 精液放于载玻片上，盖上盖玻片，迅速放在 100 倍镜头检查活力。

● **（五）精子畸形率检查** ●

畸形率是指异常精子的百分率，畸形精子种类很多，如：巨型精子、短小精子、双头或双尾精子，顶体膨胀或脱落、精子头部残缺或与尾部分离、尾部变曲，它们一般不能作直线运动，受精能力差，但不影响精子的密度。其测定可用普通显微镜，但需伊红或姬姆沙染色，相差显微镜可直接观察活精子的畸形率，公狐使用过频会出现精子尾部带有原生质滴的畸形精子。

精子畸形率评级。取精液标本一滴与 10% 福尔马林液相混合均匀，盖上盖玻片在相差显微镜 400～640 倍下观察。或者取 10ml 试管内伊红染液（1% 浓度）1ml，加入精液 0.2ml，置 37℃ 水浴锅中恒温浸染 20 分钟，取一滴伊红染后的精液，再滴加一滴5%苯胺黑或苯胺兰混匀染色后抹片，用显微镜在640或800倍下观察，死精子染为红色，活精子不着色。每个抹片观察200个以上精子，得到活率。然后观察分类计数，正常头、大头、小头、梨形头、双头、双颈、双尾、无头、断尾、折尾、卷尾、颈和中段含有原生质滴以及稚形未成熟精子等。正常形态精子在鲜精中应不低于85%（畸形精子不超过15%），保存过精子正常形态的精子不低于80%（畸形不高于20%）。畸形精子比率超过15%的不能使用。要求每头公狐每两周检查一次精子畸形率；

● （六）公狐精液检查原则 ●

精液检查完需立即填写精液质量记录，包括活力、密度、畸形率、稀释份数、储存期精液活力。

所有的后备公狐必须在精液品质检查合格后方可投入使用。

精检不合格的公狐绝对不可以使用。

首次精检不合格的公狐，3天后复检，复检不合格的公狐，3天后采精检查仍不合格者，建议作淘汰处理，若中途检查合格，视精液品质状况酌情使用。

每份经过检查的公狐精液，都要登记《公狐精液品质检查记录》，以备对比和总结。

在进行精子活力或密度测定时，应注意（1）显微镜的光源光圈应尽量小些，光线过强，就无法看清精子；（2）每次调节显微镜焦距时，都应先将载物台先调到与物镜最近的距离，但不能使盖玻片与物镜接触，从目镜观察，缓慢放低载物台，直到观察到精子为至；观察活力时应轻轻调节微调，以观察各个层次的精子活动情况。

四、精液的稀释、保存

● （一）稀释液的准备 ●

1. 精液稀释液具备条件

具有缓冲能力，具有能量，有与精液相似的渗透压，适宜于精子的 pH 值，抑制细菌生长，长效稀释液有抑制精子活动的性能，保证其保存效果。

2. 精液稀释液的配置

配制稀释液的药品要求选用分析纯试剂，对含有结晶水的试剂要按摩尔浓度进行换算（如含水葡萄糖和无水葡萄糖）。

常温保存液 I：葡萄糖 35.138g、碳酸氢钠 1.255g、果糖 2.2g，EDTA1.262g、柠檬酸钠 6.035g、KCl 0.758g、BSA 1.052g、NAC 0.169g、青霉素 0.625g、链霉素 0.505g、林可霉素 0.150g、壮观霉素 0.305g 溶于三蒸水中，定容至 1 000 ml 容量瓶中，用 0.22μm 滤器过滤后及时使用或分装于无菌瓶中 -20℃ 冻存。

常温保存液 II：葡萄糖 18.08g，碳酸氢钠 1.255g，柠檬酸钠 8.0g，EDTA2.4g，BSA2.5g，Hepes9.5g，海藻糖 1.12g，NAC 0.129g，果糖 6.86g，青霉素 0.625g、链霉素 0.505g、林可霉素 0.150g、壮观霉素 0.305g 溶于三蒸水中，定容至 1 000ml 容量瓶中，用 0.22μm 滤器过滤后及时使用或分装于无菌瓶中 -20℃ 冻存。

冷冻保存液：Tris 35.32g，葡萄糖 8.45g，果糖 4.65g，柠檬酸 17.21g，BSA1.2g，海藻糖 1.02g，NAC 0.129g，果糖 6.86g，VE 0.684g，青霉素 0.625g、链霉素 0.505g、林可霉素 0.150g、壮观霉素 0.305g，溶于超纯水，定容至 1 000mL，0.22μm 滤膜过滤除菌，密封，4℃ 保存备用。用前按稀释倍数加入甘油和卵黄使终浓度为 5% 和 20%。

将 0.16g $CaCl_2$，0.16g KCl，0.4g Na_2HPO_4，0.75g $MgCl_2$，6.4g NaCl，0.8g $NaHCO_3$，18.8g 葡萄糖，1.4gBSA，N – 乙酰 – L – 半胱氨酸 0.109g、青霉素 0.625g、链霉素 0.505g、林可霉素 0.150g、壮观霉素 0.305g，200ml 卵黄、100ml 甘油分别溶于三蒸水中，定容至 1 000ml。（仅能用于 2 倍稀释）。

按稀释液配方，用称量纸、电子天平准确称量药品。

按 1 000ml、2 000ml 剂量称量稀释粉，置于密封袋中。

使用前将称量好的稀释粉溶于定量的双蒸水中，可用磁力搅拌器助其溶解。

用滤纸过滤，以尽可能除去杂质，可用 0.25μm 滤器过滤除菌后装入无菌容器中。

稀释液配好，应及时贴上标签，标明品名、配制日期和时间、经手人等。

要认真检查已配制好的稀释液成品，发现问题及时纠正。

液态状稀释液冰箱 4℃ 保存，不超过 24 小时，超过有效贮存期的变质稀释液应废弃。

采精时，稀释液放在 37℃ 水浴锅内进行预热备使用。

使用商品化稀释液时直接量取稀释液在 37℃ 水浴锅中

预热。

3. 精液稀释液使用前进行保存精子活力检查

稀释后检测精子活力不低于0.7，过2h～3h后无明显变化，则稀释液质量合格。

● （二） 精液稀释 ●

根据外观及化验室检查，确定原精液密度（亿/ml），确保每头份稀释精液中含有效精子0.7亿。

精液稀释的计算

精液稀释倍数 = {原精液精子密度(亿/ml) ×原精液精子活力 ×被稀释精液量(ml) }/ {每份稀释精液中含有效精子数(0.7亿/份) }

稀释精液总量(ml) = 每份稀释精液剂量(0.5－1ml) * 精液稀释倍数

加入稀释液剂量(ml) = 稀释精液总量(ml) －采集原精液剂量(ml)

调整稀释剂温度，使与原精温度相差不超过1℃，过冷过热都会造成精液品质的下降。

稀释时将稀释液缓缓沿玻棒引流到精液中，不能将稀释液直接倒入精液中，避免引起精子死亡。

先将精液以1∶1比例稀释，然后重复检查密度和活力，5分钟后，再稀释2倍，重复检查密度和活力，5分钟后，将稀释液全部混入精液中。每稀释完一次，都要缓慢地将集精杯的精液与稀释液充分混匀。

稀释完的精液在集精杯上贴好标签，要对每头公狐精液进行对应编码、品种、采精日期、时间等加以区分。

如果生产皮狐也可将几只公狐精液混合使用，混合后必须检查精子活力。

● （三） 精液的保存 ●

稀释完精液即时输精，体外保存时间不超过 2h。如需长期保存请选择合适的长效保存稀释液。

保存前的处理。稀释精液的温度从 33～35℃ 缓慢（约 1～2 小时）降到稀释液推荐温度（如 17℃），或用 4 层毛巾包裹，直接放在稀释液推荐温度的恒温箱中。

每隔 8 小时就将精液缓慢摇匀一次，防止精子沉淀或精液和稀释液分层。

● （四） 注意事项 ●

精液稀释完需立即填写《精液稀释记录》，包括稀释后活力、稀释份数、储存期或输精前精液活力。

精液采集后应尽快稀释，原精贮存不超过 30 分钟；未经品质检查或检查不合格（活力 0.7 以下）的精液不能稀释。

稀释液与精液要求等温稀释，两者温差不超过 1℃，即稀释液应加热至 33℃～37℃，以精液温度为标准，来调节稀释液的温度，绝不能反过来操作。

稀释时，将稀释液沿盛精液的杯（瓶）壁缓慢加入到精液中，然后轻轻摇动使之混合均匀；如作高倍稀释时，应进行低倍稀释（1∶1～2），稍待片刻后再将余下的稀释液沿壁缓慢加入，以防造成"稀释打击"。

精液稀释的每一步操作均要检查活力，稀释后要求静置片刻再作活力检查。活力下降必须查明原因并加以改进。

精液稀释的成败，与所用仪器的清洁卫生有很大关系。所有使用过的烧杯、玻璃棒及温度计，都要及时用蒸馏水洗涤，并进行高温消毒，以保证稀释后的精液能适期保存和利用。

配制稀释剂要用精密电子天平，不得更改稀释液的配方或将不同的稀释液随意混合。配制好后应先放置 1 小时以上才用于稀释精液，液态稀释液在 4℃冰箱中保存不超过 24 小时，超过贮存期的稀释液应废弃。抗生素的添加，应在稀释精液前加入到稀释液里，太早易失去效果。

处理精液必须在恒温环境中进行，品质检查后的精液和稀释液都要在 37℃恒温下预热，处理时，严禁太阳光直射精液，阳光对精子有极强的杀伤力。

精液处理室空气要清新，不能有异味，严禁吸烟，特别是防止挥发性化学物质（酒精、紫外线灯、来苏儿等）对精子损害。

五、母狐发情鉴定

狐的发情期，银黑狐一般在 1 月中旬到 3 月中旬；北极狐在 2 月中旬至 4 月下旬。公狐发情易于掌握。进入发情期的公狐，表现活跃，趋向异性，采食量下降，频频排尿，尿中的"狐香"味加浓，放入母狐时公狐对其表现出极大的兴趣，不断爬跨母狐，如母狐发情时能顺利达成交配。母狐的发情鉴定较为繁杂，发情时躁动不安，运动增加，食欲减退，排尿频繁，常用笼网磨蹭或用舌舔外生殖器。发情旺期，神情极度不安，食欲减退或废绝，不断发出急促的求偶叫声。发情后期，活动逐渐趋于正常，食欲恢复，精神安定。母狐常用的鉴定方法有放对试情法、外阴部观察法、阴道涂片法、测情器法，以外阴部观察法最为常用。

● （一）放对试情法 ●

　　将母狐狸放于公狐狸笼内，可见到以下情形：刚开始发情的母狐狸，有趋向异性的表现，可与试情公狐狸玩耍嬉戏，但拒绝公狐狸爬跨交配。发情旺盛时，母狐狸性情温顺，后肢叉开站立，尾巴翘起歪向一侧，静候公狐狸爬跨交配。到后期，母狐狸性欲减退，对公狐狸怀有敌意。可借鉴"母狐站立稳，尾巴挠一边，公狐爬跨母不咬，这时配种恰正好，初配复配三、四次。空怀低来产量高"经验。

● （二）狐狸的外阴观察法 ●

　　母狐发情后，外阴部的变化分为几个阶段，即发情前期、发情期和发情后期。为了便于观察母狐发情变化，通常将发情前期分为发情前一期和发情前二期。

　　发情前一期：发情母狐阴门开始肿胀，阴毛分开，使阴门露出，阴道流出具有特殊气味的分泌物，表现不安，活跃。此期一般能持续2至3天，但也有的母狐持续达1周左右或更长的时间。

　　发情前二期：母狐阴门高度肿胀，肿胀面平而光亮，触摸时硬而无弹性。阴道分泌物颜色浅淡。当放对时，相互追逐，嬉戏玩耍。公狐欲交配爬跨时，母狐不抬尾，并回头扑咬公狐，拒绝交配。此期持续1至2天。

发情期：阴门肿胀程度有所变化，肿胀面光亮消失而出现皱纹，触摸时柔软不硬，富有弹性，颜色变淡。阴道流出较浓稠的白色分泌物。母狐食欲下降，有的母狐出现停止吃食 1 至 2 天。这时公母狐放对时，母狐表现安静，当公狐走近时，母狐主动把尾抬向一侧，接受交配，此时为最适宜的交配时期。银黑狐可持续 2 至 3 天，北极狐可持续 3 至 5 天。当然也有特殊情况，幼狐初次发情的母狐，不像上述情况那样典型，可根据试情放对情况灵活掌握。

发情后期：外阴部逐渐萎缩，颜色变白，放对时，对公狐表现戒备状态，拒绝交配。此时可停止放对。

静止期：阴门被阴毛所覆盖，如不扒开看不到，阴裂很小。

● (三) 发情测试仪法 ●

根据狐狸发情期间阴道分泌物电阻抗值的变化规律，利用发情检测仪检测母兽发情程度，进而确定母兽最佳人工授精时间。将电阻值逐日逐日做好记录，将测试数据整理成曲线，以测试值达到最高之日为 0 天，开始下降 50 欧姆以上为 1 天。

● (四) 阴道细胞学检查法 ●

阴道上皮受卵巢内分泌直接影响，其成熟程度与体内雌激素水平呈正相关，雌激素水平高时，涂片内有大量角化细胞，核深染致密；雌激素水平低时，涂片内出现底层细胞，故根据涂片内上皮细胞的变化可以评价卵巢发育情况。母狐进入发情期后，在生殖激素的作用下，阴道上皮细胞的形状、大小逐渐发生改变，单层的立方上皮转化为多层、形状不规则、大的、有核的鳞状细胞（中间型细胞），最后变成无核的角化鳞状细胞（表皮细胞）。到排卵时，上皮细胞全部角化，白细胞消失。阴道上皮细胞特征性变化，可以确定母狐的最佳配种时机。

● （五）　注意事项 ●

母狐发情致发情期或临近发情期时，才能试情。试情不要过早或过晚，过早试情母狐缺乏性兴奋，惊恐不安对其发情造成干扰或仰制，而发情过晚母狐发情期已过，失去了试情的作用。不到发情旺期和过了发情旺期的母狐会拒绝交配，放对试情通常会撕咬公狐要防止咬伤。放对试情需要花费大量的人力与时间，在大型养狐场此法更显得繁重与笨拙。

外阴部观察法虽然简单实用但是对检查人员经验要求比较高，不适合新手使用。可借鉴"粉红色早，紫黑色迟、深红湿润正适宜。阴门要湿润，干巴不放对，放对配上也不孕。"

发情鉴定仪在阴道不同地方测量结果不一样，（不同时间分泌的黏液的测量都不一样），以宫颈口测量结果最准确。因为宫颈口有比较新鲜（刚分泌）的黏液。多测量几次，每次都在同一时间确保测量结果的准确。每测完一只狐狸一定要严格消毒。

阴道细胞学检查在采样时，要用无菌棉签，防止棉花遗落在阴道中，不要刺激阴道壁，也不能有灰尘污染，当阴道有炎症时不能采样，避免在阴道前庭采样，因为前庭上皮细胞角化程度较高，不能真实反映血浆中激素变化，而且容易污染。制片时避免棉签在载玻片拖动，否则会导致细胞破裂或变形。当鉴定人员技术不是很熟练时，可将涂片进行快速瑞士染色，当视野内80%以上细胞被染成红色时第二天即可输精。

要在每天固定的时间检查狐狸，早晨、上午、下午、傍晚等等，尽量早晨检查狐狸，因为清晨夜尿基本都已排净。

鉴定完立即填写《母狐发情鉴定记录》包括发情母狐号、胎次、发情情况、外阴部变化等。

六、输精

● （一）输精前准备 ●

1. 输精室准备

提前打开空调保证温度在20~25℃，打开紫外线保证有效浓度消毒。清洗卫生干燥干净。注意紫外线有杀精作用，注意精液防护。

2. 输精用具准备

按每只母狐一套输精针和阴道套管准备，将输精针、阴道套管、注射器预热至37℃。

3. 输精员准备

输精员剪净指甲，用肥皂水将手洗净，将双手用洁净水冲净，带上一次性手套，穿上工作服。采精过程中，避免身上带有较浓的刺激气味。

4. 母狐准备

助手将待发情母狐抓至采精架，输精员用浸有0.1%~

0.2%温热新洁尔灭的湿毛巾对外阴及其周边部位消毒，干湿程度应以不往下滴水为准。

● （二）　输精操作 ●

助手一手用保定钳保定母狐，一手握住母狐尾部使尾朝上。

输精员用预热注射器缓慢吸取精液0.5～1ml，再吸入少许空气。

输精员将阴道导管插入母狐阴道内，其前端抵达子宫颈；左手虎口部托于母狐下腹部，以拇指、中指和食指摸到阴道导管前端固定子宫颈位置，右手握持输精针末端顺阴道导管内腔插入，前端抵子宫颈处调整输精的位置探寻子宫颈口。

双手配合将输精针前端轻轻插入子宫内1～2cm，固定不动。由助手将吸有精液的注射器插接于输精针上，推动注射器将精液缓慢注入子宫内。熟练者可事先将吸有精液的注射器插在输精针上，由输精员直接将精液输入，同时固定人员将狐狸尾部向上提起，使头朝下。

输精后顺时针方向轻轻拉出输精针，如果输精技巧得当，母狐生殖道无畸形，则输精过程中母狐表现宁静。

检查阴道套管内有无精液，如发现精液逆流严重，应立即补输。

输精后每10kg体重肌注拜有利0.5ml。

● （三）　输精次数 ●

每日1次，连续输精3次或隔天输精共两次。

● （四） 输精效果判断 ●

①拉出输精针时手感到有点阻力；②拉出输精针时无血液；③拉出输精针时精液不倒流；④镜检输精针内残留精精，精子活力不低于0.7。

● （五） 注意事项 ●

输精针和外套管每只母兽一套，避免输精针和阴道套管管插入时受到污染，前三分之二部分严禁用手碰触；若有尿水从套管流出，或输精时排便，要更换输精针和套管重新插入。

输精部位的不准确是导致母狐受孕率低的一个主要因素，多见于初学者，一是将精液输到阴道深部，二是输精针穿破母狐生殖道将精液输入到腹腔，后者可造成母狐的感染，即使不造成死亡，也会因相应的损害以至于影响母狐下一年度的繁殖。

特别指出：在精子的活力偏低或畸型率偏高时，不能用增加输入精子的数量来弥补，否则会出现弱胎、死胎、流产等现象，不合格的精液坚决遗弃，不可迁就。

生产皮兽可对母狐输不同公狐的精液。

输完一头母狐后，立即登记配种和预产记录。

第七章　狐取皮及毛皮初加工关键技术

第一节　狐取皮关键技术

狐取皮是整个养殖过程的收获季节，是保证养殖利润的关键环节。取皮环节大体上可以分为两个主要步骤：毛皮的成熟鉴定和剥皮技术。

一、毛皮的成熟鉴定

狐在一般情况下，一年换两次毛。第一次在春季；第二次在秋季。秋季换毛后长到冬季，毛皮即可成熟。毛皮成熟后，经过鉴定即可剥皮。我国幅员辽阔，纬度跨越很大，狐养殖地域很广，从江苏省北部直到黑龙江省北部都有狐的养殖场。各地的气候条件、地形条件、饲料条件的差异导致各地的狐毛皮成熟时间存在差异。过早或者过晚取皮，毛皮质量都不能达到最优，从而影响经济价值。各地养殖场应该根据当地气候和实践经验，在最适合的时间点上取皮。

一般来说，彩狐比标准狐毛皮成熟早，成年狐比幼狐早，母狐比公狐早，健康狐比病狐或者过瘦狐早。毛皮成熟时间从南到北依次推迟。山东省除美国短毛黑狐外在 10 月下旬到 11 月下旬基本取皮完毕，黑龙江省则要等到小雪节气后，狐毛皮才能达到成熟的标准。

狐毛皮成熟的标志：①夏毛褪尽，冬毛换齐，毛绒丰厚致密，针毛丰满，挺拔直立，毛被灵活，富有光泽，头部、耳缘针毛长齐，尾毛明显蓬松粗大；②狐弯曲身躯时有明显裂缝，嘴吹裂缝可见皮板洁白或者稍微有青色；③试剥时，皮肉容易分离，皮板洁白或者稍微有青色，前肢和尾巴尖端可以有青色。

狐符合以上情况时，基本可以确定毛皮已经达到成熟程度了。在实践生产中要根据市场要求和自身利益相结合来确定取皮时间。例如，山东省的皮货商对皮板的洁白度要求不高，一般收购的皮张皮板呈现青灰色稍微有点白，青灰板皮张背部针毛比较短而且平齐，并对服装质量没有影响。

除季节取皮外，还有一种褪黑激素皮。各地埋植褪黑激素时间稍微有些差异。在吉林省不留种的公狐和母狐在6月中旬开始埋植，不留种的仔狐在断乳分窝后，待针毛长出后埋植。公狐埋植90天左右，母狐在80天左右皮张达到成熟。可按照季节皮鉴定方法鉴定毛皮是否成熟，一般激素皮的皮板都有些青色。狐埋植褪黑激素既节省了饲料费用也减少了劳动力和养殖风险。

二、剥皮技术

剥皮首先涉及的是狐的处死，我国的狐养殖场大小不一，技术条件和经济水平也参差不齐。小型养殖场主要是药物和棒打法处死，大型养殖场一般有专门的处死设备，比如，某大型养殖场就用一种自行设计的尾气处死法，经过改装将机动车尾气通入封闭车斗，待处死狐放入车斗内，然后加大尾气排放量，5分钟后车斗内狐全部死亡，这种方法省时省力。

考虑到动物福利，药物处死可能是最合适的。中国农业科学院特产所试验站毛皮动物养殖场一直使用氯化琥珀胆碱注射液处死狐，该方法狐死亡迅速，无痛苦，不损伤皮张也比较经济。一支2毫升氯化琥珀胆碱注射液可按50倍稀释，每只狐肌肉注射2毫升可在五分钟内死亡，心脏注射1毫升可在五秒之内死亡。但是狐尸体的利用要充分考虑药物残留的影响。

目前，毛皮动物的剥皮方法主要有圆筒式、袜筒式和片状式3种，狐剥皮一般采用圆筒式剥皮法，具体操作程序如下。

● （一）挑裆 ●

捏住后肢掌，用挑刀（或者剪刀）从后肢肘关节（脚掌上部）处下刀，沿腹内侧长短毛交界处挑至肛门前缘，横过肛门，再挑至另一只脚掌前缘。最后由肛门后缘中央沿腹面中央挑至尾中部，去掉肛门周围的无毛部位。刀要紧贴皮肤以免挑破肛门腺，挑裆时必须严格按照长短毛分界线准确上刀，在距肛门下0.6厘米处割掉一小块三角型毛皮，决不允许采用脚掌–肛门–脚掌的一条线开裆方法。要防止后裆部位重叠，做到背、腹一齐。尾部应从中点直线挑至肛门后缘。

● （二）前后脚掌的处理 ●

后肢可以在脚掌踝关节处剪断，前肢可以在腕关节或者肘关节处剪断。

●（三）剥皮 ●

挑完裆后，用锯末擦洗干净挑开处的污血，既防止污染皮张也可防滑。将手指插入后肢的皮与胴体之间，用力均匀地剥离开皮张直到踝关节，剪断，将粘连部分分开。然后将尾根处皮肉仔细剥离开来后，可用剪刀手柄夹住尾骨用力往尾尖处拉，即可剥离整个尾巴，然后挑开尾部剩余部分。将两个后肢固定于工作台上，用锯末清洗手掌和皮张的血污处，两手抓牢两后肢，剥离皮张应均匀用力往头部拉，使皮肉分离，皮张呈现毛朝里的圆筒状。剥公狐皮时，要先剪断阴茎口，防止破坏皮张。到前肢部分时，要小心用力，要逐个剥离前肢，不可用力猛拽。一手拽皮张一手抓着前肢，待皮张过了肘关节露出腕关节时剪断。剥离到头部时更需小心谨慎，可以用刀具辅助剥离，一手拽皮张一手拿刀，小心剥离耳基部和眼眶基部，贴着骨膜和眼睑小心地割断皮与肉的连接处，注意保持耳、眼、鼻、唇部完整。整个剥皮过程要边剥皮边撒锯末或者玉米面。剥下的皮张或者直接出售，或者经过初加工、干燥后再出售。因为小养殖场的初加工过程不精准且比较粗糙，容易产生破损皮，所以现在服装生产企业倾向于收购未经加工的皮张。

第二节　鲜皮的初加工关键技术

动物身上剥下的鲜皮，都含有脂肪和蛋白质等有机物质，还含有水分，在一定温度下很容易腐烂变质，甚至报废。因此，对鲜皮应及时进行加工。一般的初步加工有 5 个过程：

刮油、洗皮、上楦、干燥和下楦。

一、刮油

刮油时用力要均匀，持刀要平稳，速度要适中，以刮净残肉、结缔组织和脂肪，又不损坏毛囊为原则。刮油分机器刮油和手工刮油两种方式。大型养殖场一般都使用机器刮油，速度快，效率高，而且皮张洁净，破损皮张少。先将筒状生皮套在刮油机的木质辊轴上，拉紧后用铁架固定住两后肢和尾部。右手握刀柄，接通电源，机器刮油刀开始旋转。刮油时先从头部开始，使刀轻轻接触皮板，同时向后推刀至尾根，依次推刮。使用刮油机时，起刀速度不能过慢，所刮部位只许走一刀，如需再刮，应使狐皮转一周，否则刀具摩擦生热，容易损伤皮板，造成严重脱毛。皮板上残留的肌肉、脂肪和结缔组织用剪刀修剪干净。

小养殖场一般使用手工刮油。将圆筒状皮毛朝里套在楦木上，贴紧，使用竹刀或者钝刀顺毛的方向刮，从尾根或者后肢开始往头部刮，刮刀一定要稳，切忌用力过猛伤害毛根。母狐的乳房部位，公狐的阴茎部位和前腋下容易刮破，要特别小心。残存的肌肉、脂肪、结缔组织可用剪刀去除。木楦有两种，一种细小的适合母狐皮，一种粗大的适合刮公狐皮。边刮油边用锯末搓洗皮板和手指，以防油脂污染毛被。

如果刮油不当，就会造成刀伤和破洞等人为伤残，使一张优质狐皮变为残次皮，影响毛皮质量。刮油前应注意将狐皮上的异物清理干净，操作时狐皮不准重叠。应努力提高技术水平和熟练程度，手法不宜过重，以免损伤毛囊。

二、洗皮

刮油后要立即洗皮，用小米粒大小的硬质锯末或者粉碎的玉米芯搓洗，先搓洗掉皮板上的残存油脂，翻转皮板搓洗毛被，先逆毛后顺毛，然后抖掉搓洗物，直至使毛绒蓬松、灵活、显出原来的颜色和光泽为止。洗皮用的锯末和玉米芯要过筛以除去细粉和灰尘。切勿使用麦麸和含油脂的锯末洗皮。在洗毛面的木屑内加适量的中性洗涤剂，可使毛面洁净、光亮。

大量洗皮可使用转鼓和转笼，效果很好。先将皮板朝外的皮筒放入装有锯末的转鼓里，转动转鼓，速度控制在 20转/分钟，运转 10 分钟即可。然后将皮筒翻转，使毛被朝外，再放入转鼓中清洗，速度和时间与上相同。洗皮用的锯末不能太细，否则容易附着在绒毛内不容易抖落。把洗完的皮张在转笼内甩干净锯末和粉尘甩干净，转速和时间也保持在 20转/分钟，10 分钟即可。洗皮分洗毛面和洗皮板两项，不可混装入转鼓。所用的木屑不能含树脂，洗毛和洗皮木屑不得混合使用。每次投入转鼓的狐皮不宜过多，并注意转速不可过快，应以狐皮从转鼓上部穿过、木屑不断落入地面为好。

三、上楦

刮油和洗皮后应及时上楦板，可防止干燥后皮张收缩或褶皱，并可使皮张对称美观。狐皮所用楦板是全国统一标准，分公母两种，各地外贸公司均有样品供仿制或成品出售，养殖场和养殖户不得随意制作和使用不合格的楦板，否则会降低毛皮等级和质量，影响卖价。上楦时应以能顺利操作而不出现皱折为标准，尾簇成倒塔型，比原尾缩短 1/2，后腿拉宽、展开，自然下垂，皮身不歪不斜。防止拽拉过大降低毛绒密度，影响覆盖能力，有损毛皮质量。有的地区用泡桐木制作楦板，因木材含单宁物质，易使皮板黄染，必须蒸一下才可使用。狐用楦板统一规格如表 7－1 所示。

表 7－1　狐皮楦板规格　　　　　单位：毫米

公皮楦板	母皮楦板
全长 1 100，厚 11 距尖端 20 处，宽 36 距尖端 130 处，宽 58 距尖端 900 处，宽 115 距尖端 130 处，中部开透槽，长 710 宽 5 距尖端 130 处，两侧开半槽，长 840 宽 20 由尖端起，两侧正中开一条小沟槽，距尖端 140 处开长 140 与中槽相通的透槽	全长 900，厚 10 距尖端 20 处，宽 20 距尖端 110 处，宽 50 距尖端 710 处，宽 72 距尖端 130 处，中部开透槽，长 600 宽 5 距尖端 130 处，两侧开半槽，长 700 宽 15 由尖端起，两侧正中开一条小沟槽，距尖端 120 处开长 130 与中槽相通的透槽

先用废报纸缠好楦板，套上毛被朝外的筒状狐皮，调正皮形，并把两前腿顺着腿筒翻入胸内侧，使露出的腿口与全身毛面平齐。然后翻转楦板上正头部，使楦板顶端顶住狐鼻部，尽量拉伸头部，使用图钉固定鼻部，再拉臀部，将尾基部尽量拉宽、固定，使尾部边缘与尾根平齐，用图钉固定。用拇指从尾根部开始，依次横拉，尽量拉宽皮面，形成许多横的褶皱，直至尾尖，如此反复拉伸 2～3 次，使尾部长度缩

短 2/3 或者 1/2，以细网片压在尾上，用图钉固定。背面上好后，再翻上腹面，拉宽两后腿，铺平在楦板上，使腹面与臀部边缘平齐，两腿平直靠紧，盖上细网片，用小钉固定。最后把下唇折向外侧。

四、干燥

毛皮最好是采用专用的风干机进行常温通风干燥。小型养殖场、专业户也可因地制宜采用烘干的方法进行干燥。温度要求保持在 20～25℃，室内通风并保持干燥。皮张上好楦板后直接进行风干，将皮张嘴部插到风干机的气嘴上，使气体通过皮张里侧带走水分。风干生皮的最适温度是 18～25℃，湿度 55%～65%，严禁在高温（≥28℃）或者强烈日照下进行风干，会造成毛峰弯曲或者闷板脱毛。室温维持在 20～25℃，每分钟每个气嘴喷出空气 0.29～0.36 立方米的条件下，大约 24 小时狐皮即可风干。应抖起毛峰、腹部向上再送风，皮张不准重叠。每次处死狐数量不宜过多而堆积，以免温度升高造成流针飞绒和受焖脱毛。

五、下楦

当四肢及腋下部位基本干燥时，要及时下楦。下楦时仔细拔出所有钉子，用软毛梳子梳理一下毛被，与楦板粘连的皮张可以手拿尾部，以鼻尖处轻轻撞击地面震荡几次，即可拿下，不可敲击楦板角棱处。下楦后的毛皮要放置在常温室内进一步晾干。

至此狐皮的初加工基本完成，干燥的狐皮张放入冷库即可较长时间的保存，常温保存还需要经常检查虫蛀，返潮等情况。

第三节 狐皮的收购规格

狐皮的等级鉴定应在灯光下进行，浅蓝色案板，上方设4只40瓦的日光灯管。首先要求皮张剥取得当，没有残余油脂，没有尾骨和腿骨，按标准上楦、风干、加工成毛朝外的风干筒皮。

一、等级规格

● （一）一级皮 ●

季节皮，皮张完整，毛绒丰足，针色齐全，毛被光亮。背、腹部毛绒平齐、柔和，板质良好，无伤残。

● （二）二级皮 ●

季节皮，皮张完整，毛绒略空疏或略短薄，针色齐全，具有一等皮的毛质、板质，或仅次于一级皮，可带有下列伤残、缺陷。

次要部位略带夏毛或有不明显的轻微伤残，或轻微塌脖、塌背。

轻微咬伤、擦伤或者小疮疤，面积不超过2平方厘米，或皮身有破口长度不超过2厘米，或有白毛峰集中一处面积不超过2平方厘米。

针毛稍微勾曲或撑拉过大。

● （三） 三级皮 ●

季节皮，皮张完整，毛绒品质和板质具有二级皮质量，或次于二级皮标准，可带有下列伤残、缺陷。

皮身破口总长度不超过 3 厘米。

咬伤、擦伤、破洞或者小疮疤，面积不超过 3 平方厘米。

毛峰勾曲较重或加工过程撑拉严重。

● （四） 等外皮 ●

不符合一、二、三级标准，受焖脱毛、开片皮、白绒底、毛峰弯曲严重等皆为等外皮。彩狐皮张要求符合本色型的毛色特征，色泽美观，无杂毛，亦适合上述标准。

二、长度比差

使用统一规格的椴板风干的狐皮，测量从鼻尖到尾根的长度，根据长度决定价格（表 7 - 2）。

表 7 - 2 狐皮长度比差标准 单位：厘米

公皮			母皮		
皮长（厘米）	比差	国际尺码号	皮长（厘米）	比差	国际尺码号
89 以上	150%	000			
83～89	140%	00			
77～83	130%	0			
71～77	120%	1	71 以上	140%	1
65～71	110%	2	65～71	130%	2

（续表）

公皮			母皮		
皮长（厘米）	比差	国际尺码号	皮长（厘米）	比差	国际尺码号
59~65	100%	3	59~65	120%	3
53~59	90%	—	53~59	110%	4
53 以下	—	—	47~53	100%	5
			47 以下	—	—

三、等级比差

一级 100%，二级 80%，三级 60%，等外 50% 以下，按质计价。

四、公母比差

公皮 100%，母皮 80%。

五、颜色比差

标准狐皮以褐色为 100%，浅褐色 96%，中褐色 98%，褐色 102%，深褐 104%，黑色 106%。彩狐皮颜色暂不实行分级。

另外，彩色狐也适用于以上规格，要求色正、鲜艳、不带老毛。对不具备彩狐标准的杂色狐按等外皮收购。等内皮长度规定必须符合统一楦板宽度。具有下述情况不算缺陷。

断尾不超过 50%；腹部有垂直白线。宽度不超过 0.5 厘米；毛被有少量散在白针毛；尾部和四只脚爪部位略带青灰色；公皮后裆秃针不超过 5 平方厘米。具有以下情况属于缺陷，需酌情定等级：开裆不正，缺腿缺耳，破鼻，刮油不净，非季节皮，缠结严重，撑拉过大，毛绒空虚等。具有以下情况皮张无价值：焖皮严重、脱毛，焦板皮，塌脖、塌背和毛峰勾曲严重，毛绒空虚等，质量恶劣，无制裘价值。

第四节　影响狐皮质量的因素

有许多因素可以影响到狐皮的质量，概括起来说有两个，一个是自然因素，一个是人为因素。

一、自然因素

地域、性别、年龄都能影响狐皮的质量，比如东北地区气候寒冷，狐皮毛绒丰厚，皮板较厚，山东、河北地区气候温暖，狐皮绒毛相对较稀少，皮板也薄。

还有狐的品种问题，美国短毛黑、金州黑狐、普通标准狐的狐皮质量肯定有差别，这个影响因素是先天的、决定性的，所以每个养殖场无论大小都应该有选择地留种、选种、育种或者引种，结合养殖各品种的预期效益，养殖迎合市场需求的品种，淘汰价值低下不受市场欢迎的品种。

二、人为因素

饲养管理不当可能会导致皮张质量的下降。狐咬伤、营养缺乏导致的食毛、笼箱潮湿等都会降低毛皮质量；饲料中维生素和无机盐缺乏会导致毛纤维发育不良，被毛色浅、脆弱等；饲料中缺少甲硫氨酸、胱氨酸等含硫氨基酸会导致毛皮发育不良，毛纤维强度降低等。

屠宰季节和屠宰方法对毛皮的质量有影响。不同季节的皮板组织结构和毛被的成熟度有很大差异，屠宰方式不当会造成各种伤残，降低质量，所以要准确鉴定狐皮成熟时间并用正确的方式屠宰。

初步加工时造成的损伤，如剥皮不小心造成刀洞，撕断，刮油时用力过猛，上楦风干不当导致焦板、霉板、皱板等缺陷。皮张保存过程中，返潮、浸水、虫蛀、鼠咬等原因，运输过程中雨淋、挤压、撕破等都会降低狐皮质量。

第五节　狐副产品开发关键技术

饲养狐不仅可以获得珍贵的皮张，狐的副产品—狐心、狐肉、狐脂肪、狐粪等，也具有较高的经济价值。

一、狐心

狐心是名贵的中药材，以狐心为主要原料配，以其他多种中草药制成的利心丸，治疗风湿性心脏病和充血性心力衰竭效果非常好。民间单独使用狐心缓解和治疗风湿性心脏病，效果不错。

二、狐肉

狐肉的开发利用远没有达到应有的程度。公狐的胴体重占活体的43%，母狐胴体占活体的46%，每年都可产生大量的狐肉，狐肉属于高蛋白、低脂肪的肉类，含蛋白18%，脂肪12%，肉质细腻，营养丰富。可作为野味烹调食用，具有滋补强壮、改善贫血的功效，为增大养殖场收益开辟了新途径。

三、脂肪

狐的脂肪油脂浸透性很强，易乳化，含有多不饱和脂肪酸，在常温下比较稳定，熔点低，无毒，无刺激性气味。油脂组成上接近于人体脂肪，经过一系列的加工后，可用于高级化妆品和治疗皮肤病的原料药物。

狐油脂的表面张力为34.9，低于其他动植物油脂的表面张力，为优质的化妆品原料，能够在皮肤表面形成一层薄膜，使皮肤柔软滑嫩。

另外，狐油脂对湿疹、皮肤过敏等皮肤病具有良好的治疗和预防效果，特别是对干燥鳞状的皮肤炎症效果更为明显。

四、狐粪

狐粪是高效有机肥，并有一定的驱虫灭虫的功效。鱼塘施用狐粪可提高水质肥力，增加鱼饵料来源。对小麦、谷子追肥增产效果明显。一只成年狐一年可产粪便大约 28 千克，厩肥约 280 千克，充分利用养殖场的粪便、排泄物，是建设循环农业经济，生产绿色无公害农产品的关键一环。

　　另外，狐肝含有丰富维生素 A，可以治疗夜盲症；狐鞭能壮阳，治疗阳痿有一定效果；狐血、脑、肛门腺等副产品，也有利用价值，有待深入研究开发。

| 第八章 | 狐狸疾病防治关键技术 |

第一节　狐狸疾病发生原因及诊断方法

一、狐狸疾病的发生原因

（一）狐狸疾病的概念与分类

1. 疾病的概念

狐狸疾病是指狐狸因内在或外在致病因素的作用而引起机体损伤的过程，具体表现为系统、器官的病理变化和功能障碍。

2. 疾病的分类

狐狸的疾病根据发生特点可分为传染病，营养代谢病，普通病等。

（1）传染病。传染病包括细菌性传染病、病毒性传染病、寄生虫性传染病、真菌病等。其病原包括细菌、病毒、寄生虫和真菌等微生物。每种微生物引起特定的传染病。如狐狸阿留申病和巴氏杆菌病分别是由阿留申病毒和巴氏杆菌所引起的。健康动物能通过直接接触（舔、咬、交配等）和间接接触（空气、饮水、饲料、土壤、授精精液等）病原微生物而感染。特定病原侵害特定的器官，表现出特有的病理变化。

（2）营养代谢病。是营养性疾病和代谢障碍性疾病的总称。某些营养代谢病具有典型的临床症状，可以进行初步诊断。如跛行和骨骼变形可判断为钙、磷比例异常；发生皮肤角化不全和鳞屑为锌缺乏；夜盲可被怀疑是维生素 A 缺乏；贫血与缺铁有关。

（3）普通病。普通病包括呼吸系统、消化系统、泌尿系统等非细菌性和病毒性的疾病。包括感冒、仔兽消化不良、黄脂肪病、维生素 A 缺乏症、维生素 B 缺乏症、狐狸急性胃扩张。

● （二）疾病发生的原因 ●

狐狸疾病的病因包括内源性和外源性因素。内源性因素指机体自身生理平衡紊乱；外源性因素指：病毒，细菌，毒物、物理损伤和营养失调等。狐狸发病受多种因素影响，包括致病因素的性质、强度、感染方式和途径，狐狸的遗传特点（品种、品系）、日龄、健康状况及免疫水平，温度、湿度、卫生及管理水平等。

二、狐狸疾病的诊断方法

对狐狸疾病的诊断要及时、准确。狐狸疾病诊断通常包括流行病学调查、临床症状观察、病理组织学诊断、微生物及免疫学诊断等。由于某种疾病可能由多种病原引起，因此需综合应用上述诊断方法确诊。

● （一）流行病学诊断 ●

主要调查以下内容。

①狐狸最初发病时间、地点、发病季节、蔓延区域等，

发病狐狸数量、年龄、性别以及感染率，发病率，死亡率等。

②饲料、水源和饲养管理卫生情况。

③输出地区和附近地区疫情情况。

④本地过去类似疾病史、防治及疫苗注射情况。

⑤病狐狸临床症状、防治情况、死后剖检情况。

⑥病狐狸与环境和其他动物的关系。

● （二）临床检查 ●

临床检查包括一般检查，整体检查。实验室检查包括病狐狸血、尿、粪等的实验室常规化验。有些疾病具有特征性的症状，可很快作出诊断。但许多传染病在临床上表现类似，因此在临床上需要进行鉴别诊断。

一般检查主要包括：问诊、视诊、触诊、叩诊、听诊、嗅诊。

1. 问诊

（1）病例登记。了解患病狐狸的个体特征，询问畜主姓名、单位及联系方式；狐狸品种、年龄、毛色、用途和体重等。

（2）主诉。畜主对狐狸患病情况的描述。

（3）现病史。指的是狐狸现在所患疾病的全部经过，即疾病的可能原因，疾病发生、发展、诊断和治疗的过程。

（4）日常管理。狐狸的饲养管理情况、繁殖和配种方式及配种制度；植被、土壤和饮水等周围环境及舍外大气候。周围近期有无新引进的动物，新引进的狐狸是否带来新的疫病。

（5）既往病史。了解患病狐狸以前的情况以及对药物，食物和其他接触物的过敏史以及家族病史等。调查狐狸生活地区的主要传染病、寄生虫病和其他疾病。

2. 视诊

视诊是用肉眼直接观察患病狐狸的整体状况或局部变化，发现病变的部位、性状的临床检查方法。

（1）整体状态。观察狐狸体格大小、发育程度、营养状况及体质的强弱等。

（2）精神状态。健康狐狸，活泼好动，两眼有神。当检查者用声音刺激（如击掌、叫喊）时，健康动物立即表现出竖耳或耳壳转动；患病狐狸表现出双眼无神或半睁半闭，嗜眠喜卧，对声音或光刺激反应迟钝，甚至没有反应。精神异常的另一种表现是兴奋不安、无目的走动、冲撞、转圈、乱咬东西或出现反常的攻击行为。

（3）体表变化。检查皮毛、皮肤和黏膜的颜色及特征；体表的创伤、溃疡及肿物等病变的大小、位置、形状及特点；有无疥癣、外寄生虫感染等。

（4）检查狐狸与外界相通的体腔。如口腔、鼻腔、咽喉和阴道等。注意观察黏膜的颜色及完整性情况，并确定其分泌物、渗出物的数量、性质及其混有物。

（5）注意狐狸的生理活动是否正常。

3. 触诊

人工捕捉狐狸后才能对狐狸进行触诊。在狐狸发病期，捕捉将增加其紧张度，使病势加剧，因此，要求具有丰富临床经验的工作者快而准确地掌握其触诊要点。具体检查的项目包括动物的体表状态，皮肤的湿度、皮肤温度、皮肤的弹性、皮肤是否肿胀。全身皮温增高，见于狐狸发热、中暑等疾病；皮温降低，四肢发凉，为狐狸休克和濒死期的征兆。其次检查器官，感知其生理性和病理性的状态。感知腹壁及腹腔内组织器官的的形态。检查动物组织器官的敏感性。

4. 叩诊

用手指或借助器械对动物体表的某一部位进行叩击，以引起其振动并发生音响借助其发生的音响特性来帮助判断狐狸体内器官和组织的生理状况。叩诊被广泛应用于心、肝、脾、肺、胃肠等的胸腔和腹腔器官的检查。

5. 听诊

借助听诊器或直接用耳朵听取机体内脏器活动过程中发出的自然或病理性声音。根据声音的性质特点，判断其有无病理改变。可直接听到狐狸的嘶鸣，呻吟，喘息，咳嗽，喷嚏，肠音等声音。检查心血管系统、呼吸系统、消化系统、胎心音和胎动音等主要依靠听诊。

6. 嗅诊

用嗅觉发现和辨别狐狸呼出的气体，口腔臭味，排泄物及病理性分泌物的异常气味与疾病之间的关系。异常气味大多来自皮肤、黏膜、呼吸道、胃肠道、泌尿生殖道、呕吐物、排泄物或脓液等。

● （三）病理组织学诊断 ●

疾病通常有其特有的病理变化，所以，病理剖检对狐狸疾病的诊断、治疗和预防有着特殊的意义。在缺乏实验室诊断的情况下，临床现场主要通过临床症状和尸体剖检进行初步诊断。尸体解剖检查首先要保证狐狸尸体新鲜，最好死后立即剖检，如放置过久，特别是在夏季，尸体放久就会发生腐败，影响其真实病变。在解剖时，还应选择合适的地点，防止污染，解剖后要采取深埋、焚烧、消毒等彻底处理方法，防止传染病扩散。

剖检时，要做好记录。如狐狸的种类、编号、性别、年龄、死亡时间、临床诊断、剖检时间以及各个器官的病理变化等。

剖检的顺序如下。

1. 整体状况检查

检查尸体营养状况。消瘦提示病狐狸患有慢性疾病；营养良好，肥度适中多见于急性病；口腔、鼻孔、肛门等天然孔出血，可怀疑炭疽病；皮肤发炎，增厚，有结节提示犬瘟热；因窒息死亡的狐狸肌肉成暗红色，肌肉变性成苍白色，无光泽。狐狸因败血型传染病或中毒死亡的，可见肌肉上有斑状或点状的淤血出血点。

2. 心脏和肺的检查

（1）检查心脏。先观察心外膜、冠状沟、心脏纵沟、冠状脂肪、心耳等有无出血。还要观察心肌是否弛缓，切开时观察心内膜有无出血，心室是否扩张。心肌表现为煮肉色，是某些传染病或中毒病的症状。

（2）检查肺。首先注意胸腔液的量、性质、色泽、气味、胸膜有无粘连，再注意肺的颜色、出血性质及程度，表面有无结节，切开气管和支气管，看其表面有无炎症。如有胸水，多是心脏或肾脏机能障碍。肺脏检查可将肺切开，用病变部分作漂浮试验。患气肿的肺漂于水面；正常的肺半沉入水中；患水肿的肺或淤血的肺在水下；患肺炎的肺或无气肿的肺沉入水底。

3. 腹腔检查

将腹腔打开，若腹腔内有积水，多因慢性肾炎、黄脂肪和钩端螺旋体病引起；化学药物中毒，常会嗅到一些特殊气味；腹腔内有出血是中毒和传染病的表现；腹腔内有粪渣多是胃肠破裂。腹腔内下列脏器也要逐一检查：

（1）脾脏。观察其大小、颜色、有无出血、梗死、坏死及结节。一般细菌性传染病狐狸脾脏增大2~3倍或更大些。

（2）肝脏。检查有无肿胀、出血、结节、坏死、颜色是否正常。肝脏疾病常使肝脏黄染。急性传染病和中毒性疾病导致狐狸肝脏柔软、肿大，实质脆弱，切面外翻不平整，肝小叶模糊不清。

（3）肾脏。注意色泽、质度、大小、表面有无出血，注意肾脏被膜的紧张和剥离程度，如狐狸肾脏表面凹凸不平，呈淡黄色，多是慢性阿留申病。

（4）胃肠。胃黏膜是否完整，有无出血，黏膜有无肿胀，内容物的数量、气味，有无寄生虫、异物等。检查肠道应先注意其外观的病变，肠系膜淋巴结的大小、色泽、出血等变化，再切开肠管，注意肠黏膜有无出血、肿胀、肠壁的厚度，内容物的色泽、性状。肠道传染病的诱因有：副伤寒、大肠杆菌病、病毒性肠炎等可使胃肠黏膜出血、肠壁变薄。

（5）膀胱。重点观察其充盈度、尿液颜色、尿液蓄积情况、黏膜有无出血。患尿结石可发现狐狸膀胱内有米粒大或豆粒大的结石颗粒。

4. 其他检查

临床上神经症状较明显的病狐狸应打开其颅腔，检查脑膜有无充血、淤血或出血、脑室内有无积水。

病料送检及注意事项：

狐狸的很多疾病在临床上都难以确诊。因此，最后确诊还需要进行实验室诊断。正确采集，保存及送检病料可保证实验室结果的可靠性。如果病狐狸发病时，畜主能及时和科研院所联系，让专业人员自己采样可进一步提高实验室结果的准确性。但有时受条件所限，当狐狸发生传染病时，用抗生素治疗无效或作用不明显时，应立即采集病料送检进行实验室诊断。

（1）可直接送完整的尸体。如果是短途送检，将已死亡或处于濒死期的狐狸装到放有冰块的纸箱中，封严送检，时间不要超过12小时；若为长途送检，必须对新死亡的尸体预冻，然后装在保温箱中，再冰镇后送检。

（2）采集病料送检。必须在狐狸死后立即采集或解剖濒死期狐狸采集病料，使用的剪子、镊子及手术刀等必须经消毒处理。盛病料的器具可用灭菌的三角烧瓶或一次性方便袋。①实质性脏器：如心脏、肺脏、脾脏、肝脏、肾脏、淋巴结等最好采集整个脏器。②肠管：选择病变明显的一段肠管两端用线绳结扎后，放容器中送检。③流产胎儿：将整个胎儿放塑料袋中送检。④血液：静脉或趾爪采血2～3毫升，用试管收集全血，加塞盖严后送检。⑤脑组织：开颅后取出大脑和小脑，纵切两半，分别放入50%甘油生理盐水和10%的戊二醛溶液内，检验微生物和病理组织结构和超微结构。⑥皮肤：用锋利的外科刀刮取病变部位皮肤组织，放容器中送检。

用于细菌学检查的脏器病料一般要求保存在30%的甘油生理盐水中；用于病毒检查的病料应保存在50%的甘油生理盐水

中；用于病理组织结构和超微结构检查的病料应保存在 10% 的戊二醛溶液中。但是，很多养殖户没有条件达到上述要求。因此，通常要求其将采集的新鲜病料放于容器或一次性方便袋中，封严后将病料放入有足量冰块的保温瓶或保温箱中，立即送检。如时间不超过 24 小时，一般对检验结果无影响。

送检多个狐狸病料时，同类脏器应分别加入单独的容器或方便袋，并标号，以免混淆。以甘油生理盐水或戊二醛保存的病料常温下送检即可。死亡时间过长或腐败变质的病料，对诊断毫无意义。

送检人员必须十分了解狐狸的整个发病情况或有翔实的记录，最好是现场技术人员亲自送检，能提供狐狸发病过程的全部信息。有助于实验室诊断工作者有目的地进行检验，快速得到诊断结果。

● （四）微生物学诊断 ●

病理组织学诊断不能得到明确结论时，应将病料送到有能力进行检测的科研院所进行检测，进行微生物学诊断。主要包括以下方法。

显微镜检查：主要检查细菌、寄生虫引起的疾病，但对大多数疾病来说，仅作为参考依据。

分离培养：从待检的病料中分离病原体，检查病原体的形态学特征、培养特性、生化特性等，并结合镜检、血清学检查及动物试验等诊断方法进行病原体鉴定。

动物试验：根据病原体对敏感实验动物的致病性、临床症状、组织病理变化等做出诊断。动物接种试验应按微生物分离鉴定的要求进行取材。用灭菌生理盐水或灭菌蒸馏水制成 1 ∶ 10 悬液，然后选择适当的途径接种于易感动物如小白鼠、家兔、豚鼠等体内，必要时也可采用同种动物。检查病毒时，可在每毫升病料悬液加入青霉素、链霉素各 500 ~ 1 000 国际单位。置冰箱中作用 1 ~ 4 小时，以抑制病料中的杂菌，然后接种易感动物。也可将病料悬液经细菌滤器滤过取其滤液接种。接种后的动物应隔离饲养，与对照组比较，仔细观察临床症状。实验动物死亡或经过一定时间后扑杀的，立即进行病理学检查、镜检和分离培养检查。

● （五）免疫学诊断 ●

免疫学诊断是特异快速的实验室诊断技术，常用的方法有凝集试验、沉淀试验、补体结合试验、荧光抗体试验、琼脂扩散及变态反应试验。随着分子生物学技术的发展，基因诊断技术也可用于毛皮动物疾病的诊断。

第二节　狐狸疾病综合防治措施及常用药物

一、狐狸疾病综合防治措施

狐狸对疾病的抵抗能力较强，只要饲养合理，管理得当，卫生条件好，狐狸很少发生疾病。但由于狐狸群迅速扩大，饲养环境跟不上发展，致使狐狸疾病多发。狐狸场的管理应该遵照"预防为主，防重于治"的原则，根据狐狸的饲养及疾病的流行病学特点，加强狐狸的饲养管理，严格执行兽医卫生监督制度，切实做好狐狸的检疫和免疫预防接种工作，对狐狸场采取消毒、杀虫、灭鼠等常规性的方法来预防狐狸疾病的发生。

● （一） 检疫隔离 ●

检疫隔离就是在引进种狐狸时要检疫，发现病狐狸及时隔离。因为病狐狸是传染病发生的主要传染源。饲养户应禁止从发生传染病的狐狸场引进种狐狸。对新引进的种狐狸，到场后应单独隔离饲养两周以上，进行观察，确认健康无病时，才能进场饲养。在日常饲养中，发现病狐狸要立即隔离，病狐狸接触的工具要与健康狐狸的工具分开使用，以免造成疾病传染。发生传染病的狐狸场，应进行封锁，人员不要相互串门，饲料、食用具等都不能串换使用。

● （二） 卫生消毒 ●

注意饮食卫生：不从疫区购运饲料，不喂有病、有毒和腐败变质的饲料，不饮不干净的水。笼舍、场地要经常清扫。饲料加工场所和工具及食盆、水盒等必须清洗，保持卫生。

定期消毒：消毒应与清扫结合起来进行。笼舍场地定期消毒。狐狸场内不准随意参观，非生产人员严禁入内。生产区门口应设有消毒槽，以便进行鞋底消毒。每年在配种前、产仔前、分窝前和取皮后进行 3 次全场预防消毒，可用 2% 火碱（即 1 千克火碱加热水 50 千克）消毒，也可用喷灯火焰消毒笼舍。饲料加工场所、绞肉机、饲料槽、食盆和水盒等应定期消毒。用 0.1% 高锰酸钾溶液（即 1 克高锰酸钾，加水 1 000 毫升，现用现配），洗刷或浸泡消毒。食盆和水盒等小件用具也可用煮沸法消毒（即放在锅里煮或在笼里蒸，蒸煮时间为 20 ~ 30 分钟）。火碱有腐蚀性，不要用手去接触，消毒后要用清水冲洗后再使用。发生传染病时要进行突击消毒。粪便垃圾应堆积进行发酵消毒，病死狐狸应无害化处理后深埋。经常对饲料加工工具及饲喂用具消毒，用清水冲洗干净，然后用5%碳酸钠溶液浸泡30分钟，然后用清水洗净。死亡的动物尸体应在专用的房间内剖检，剖检后在焚尸炉内焚烧处理。剖检场地和用具每次使用后，应彻底清扫消毒，污物用柴油焚烧深埋，场地彻底消毒。

● （三） 加强饲养管理 ●

应调整饲料营养，添加足够量的维生素和微量元素，并保证饲料品质，防止狐狸发生营养缺乏病、寄生虫病或中毒病。禁止从疫区购买动物性饲料，应特别注意对炭疽、布氏杆菌病、李氏杆菌病、狐狸加德纳氏菌、钩端螺旋体病和犬瘟热等病原的检查，剔除有毒的、腐败的饲料，并将剩余的饲料冷藏保存，剩余饲料需要当天或隔日用完，而食盆中的剩料应弃之不用。脂肪含量高的动物性饲料应检查酸度、过氧化物值、醛含量等，以防狐狸发生黄脂肪病。牛、羊、猪胚胎不能生喂，以防止布氏杆菌感染。鱼的头、骨架和内脏等用作饲料时，应高压煮熟后饲喂。植物性饲料同样需要进行兽医卫生检查和监督，剔除霉烂的饲料、杂质和异物，以防引起中毒。饮水要符合卫生标准，以免引起狐狸胃肠疾病的发生。

● （四） 预防注射 ●

预防注射通常要定期有计划地采用疫苗、类毒素等生物制剂，对狐狸进行免疫接种，使狐狸自身产生免疫能力。各养殖场根据本场狐狸群往年发病情况及周围疫情，制定本年度的防疫计划。免疫后的狐狸可获得数月至一年以上的免疫力。发生过狐狸犬瘟热、病毒性肠炎、狐狸阿留申病等传染病的狐狸场，每年在分窝后或在疫病流行季节到来之前，进行一次预防注射。以禽兔下脚料饲喂的狐狸群，或有犬瘟热流行的地区，应进行巴氏杆菌病和犬瘟热疫苗预防注射。为避免运输途中或到达目的地后狐狸暴发某些传染病，还可进行临时性预防接种。

1. 狐狸常用疫苗在运输和保存时的注意事项

目前，我国狐狸常用疫苗包括以下几种：犬瘟热疫苗、细小病毒性肠炎疫苗、狐狸绿脓杆菌疫苗、狐狸巴氏杆菌疫苗等。湿冻疫苗运输时必须有保温装置，严格封闭后运输，运输过程中严禁开盖检查，夏季的运输时间不能超过 48 小时，冬季不能超过 72 小时。到达运输地点后，立即将疫苗取出放入冷库或冰柜中贮藏，温度最好控制在 -15℃ 以下；普通温度保存的疫苗可在常温下运输夏季运输时间最好不超过 15 天，如运输时环境温度在 25℃ 以上，最好将疫苗放在保温箱中，内加冰块，在较低温度下运输，到达运输地点后，放在 2~8℃ 或 4~10℃ 冰箱中保存或包装封闭好放在干燥、避光、清洁的地方保存。

2. 狐狸接种疫苗时的注意事项

湿冻疫苗需提前用冷水令其快速融化，如狐狸犬瘟热疫苗。注射器与针头煮沸消毒，一只狐狸一个针头，注射部位最好先用2%的碘酊擦拭后，再以 75% 的酒精棉球脱碘。大群注射时，也可直接以酒精棉球消毒，注射前必须将疫苗充分摇匀，并要仔细检查疫苗瓶有无裂缝，瓶盖是否松动，性状是否有所改变。凡确定有异常的都不能使用应与厂家联系征求意见。不论是湿冻苗还是常温保存的疫苗，每瓶启用后应一次用完。注射前详细看说明书，严格按说明操作。某些疫苗注射后狐狸可能发生暂时性的微热反应及食欲减退、精神不振等，属正常反应。个别狐狸（1%～2%）可能出现呕吐、肌肉震颤等过敏反应，应及时用肾上腺素或地塞米松抢救。

联苗具备一针多能优点，省时省力，减少对狐狸的捕捉次数，降低应激反应。但从免疫效果看，联苗不如单苗可靠，联苗要想达到每个单苗的免疫效力比较困难，这不仅是由于制造联苗时每种单苗的浓度，而且病毒联苗，还存在着较突出的抗原竞争和免疫干扰现象。机体对一种抗原（也称疫苗）的反应较强，产生抗体多，对另一种抗原的免疫反应可能就会受到某种程度的抑制。因此，从提高免疫效果的角度出发，使用单苗更可靠些。

预防接种失败存在以下原因。

疫苗出厂检验时控制不严。疫苗效价低，免疫后不能产生有效保护。

疫苗在运输和保存过程中，湿冻苗出现保温不好或封闭不严或在贮存时温度偏高造成效价降低。

注射时急于操作，没细看说明书或记错免疫剂量，看错针管刻度或漏注，造成免疫剂量不足。

免疫程序不当，疫苗免疫注射过早或过晚，造成免疫失败。

疫苗融化后放置时间过长，特别是湿冻的病毒疫苗，融化后必须在 6 小时内注射完，如在夏季，融化后长时间放置，病毒将失活，造成免疫失败。

仔狐狸同步接种：如果早生下来的狐狸已断乳超过 15 天，甚至达到 25～30 天，此时可能已潜伏感染。

疫苗接种过早指的是在断乳后 15 天内接种疫苗，由于母源抗体的干扰，接种疫苗后，母源抗体中和了疫苗部分抗原，其实质相当于免疫剂量不足而导致免疫失败。

3. 药物预防和驱虫

药物预防是预防和控制疫病的有效措施。使用一些高效的抗菌药物可以有效地预防巴氏杆菌病、大肠杆菌病、葡萄球菌病等细菌性传染病。许多国家已通过在饲料中添加药物或其他化学物质来预防某些特定传染病和寄生虫病，而且还可获得增重和增产的效果。目前，常用的药物添加剂有：杆菌肽、金霉素、红霉素、林可霉素、新霉素、新生霉素、制霉菌素、竹桃霉素、土霉素、青霉素、泰乐霉素、黄霉素、胺苯亚胂酸、卡巴胂和呋喃唑酮等。在使用药物添加剂做动物群体预防时，应严格掌握药物剂量、使用时间和方法。对于寄生虫病，一定进行定期预防性驱虫，一般在春秋各进行一次驱虫。

● **（五）发生疾病时做好隔离、消毒和治疗工作** ●

1. 隔离

当狐狸发生疫病时，将患病狐狸和可疑狐狸隔离饲养，以清除传染源，切断传播途径。对于临床症状明显的狐狸应在彻底消毒情况下将其移入隔离区。这些狐狸要有专人饲养，严加护理和治疗。对于可疑狐狸（指无临床症状但与患病狐狸或其污染的环境有过明显接触的狐狸），应在消毒后隔离观察。1~2周后无发病，解除隔离。对于假定健康群，应与前两者分开饲养，同时立即进行紧急接种。在隔离区内做好以下工作：病狐狸进行治疗、扑杀等处理；彻底对污染的饲料、场地、笼舍、用具及粪便等进行消毒；病死的尸体应深埋、焚烧；禁止从疫区输出动物和物品；对疫区和受威胁区内易感动物及时预防接种，建立防疫带；在最后一只病狐狸痊愈、急宰和扑杀后，经过一定封锁期，再无疫病发生时，经全面的终末消毒后解除封锁。

2. 消毒

消毒的目的是消灭被传染源散布于外界环境中的病原体，以切断传染途径，阻止疫病继续蔓延，是综合性防疫措施中的重要一环。

（1）化学消毒。狐狸场通常使用下列常用化学消毒剂。地面消毒主要采用生石灰，持续时间长，效果可靠。场地临时消毒也可使用3%~5%的石炭酸，5%~10%的煤酚皂；饮食器具消毒选用浓度为0.1%的高锰酸钾；笼子、产箱消毒选用2%~4%的氢氧化钠或1%~2%碳酸钠；狐狸笼消毒选用百毒杀喷雾效果较好。狐狸场饲养人员及器具消毒选用新洁尔灭，使用浓度为0.1%；狐狸外伤感染处理常使用3%的过氧化氢（又名双氧水）；手术消毒如剖腹产等常使用0.1%的新洁尔灭，75%的酒精，2%的碘酊；阴道炎和子宫内膜炎冲洗时常用0.1%的高锰酸钾，0.05%的新洁尔灭。

（2）物理消毒。更衣室采用紫外灯照射消毒，垫草放强光下晾晒。食盒、饮具、饲养人员的衣服、手套等都可使用煮沸的方法消毒。用酒精、汽油喷灯或煤气火焰对笼舍进行消毒，尸体应焚烧消毒。经常清扫粪便，狐狸舍应经常通风。

3. 治疗

病狐狸应及时治疗，使其迅速恢复健康，防止传染的扩散。药物还可预防疾病的发生。常用的给药方法有以下几种：内服凡是能吃食的病狐狸都可内服投药。将药物研成粉末，拌入饲料中。对于不能吃食的病狐狸，将药以蜂蜜调成糊状，送入口内。皮下注射注射部位以大腿内侧或背部为宜。先用酒精消毒，然后提起皮肤，即可注射，多用于注射量大的药液，如：葡萄糖液。肌肉注射注射部位为臀部或后腿内侧肌肉丰满处，注射前需酒精消毒，如：青霉素、维生素注射液、黄连素等均可采用此法。直肠灌入将药物直接通过肛门送入直肠内，营养药、泻药和麻醉药常采用此种方法给药。

二、狐狸常用药物

● （一）治疗狐狸消化系统疾病常用药物 ●

抗菌消炎药：庆大霉素、卡那霉素、黄连素、诺氟沙星、环丙沙星等。

助消化药：维生素 B_1、乳酶生、胃蛋白酶等。

收敛止泻药：药用炭、鞣酸蛋白、次硝酸铋等。

消化道止血药：止血敏、仙鹤草素、维生素 K_3 等。

制酵药：鱼石脂、大蒜酊。

消沫药：松节油、植物油。

止吐药：胃复安、胃得灵、呕必停等。

驱虫药：伊维菌素、左旋咪唑、驱蛔灵、肠虫清及通灭等。

● （二）治疗狐狸呼吸系统疾病常用的药物 ●

青霉素、红霉素、庆大霉素、氨苄青霉素、麦迪霉素、乳酸环丙沙星、氧氟沙星、磺胺嘧啶、板蓝根和大青叶等。

● （三）治疗狐狸泌尿系统疾病常用药物 ●

拜有利、青霉素、庆大霉素、阿莫西林、诺氟沙星、环丙沙星和小诺霉素等。

● （四）特异性治疗 ●

狐狸发生传染病时，使用与该病原相对应的抗血清治疗。这种抗血清通常都是用异种动物，如犬、羊等高度免疫制备成的，给狐狸注射后，能与病原直接中和达到治疗目的。目前，市场上出售的商品高免血清有抗犬瘟热、抗细小病毒性肠炎等的单联或多联血清。

第三节　狐狸常见细菌性传染病及其防治关键技术

一、狐狸巴氏杆菌病

狐狸巴氏杆菌病是指狐狸感染多杀性巴氏杆菌而引起的出血性和败血性传染病。急性病例临床上以出血症和败血性炎症为特征；慢性病例临床上以皮下结缔组织、关节及各脏器发生化脓性病症为主要特征。该病发生一般无明显的季节性。但以冷热交替、气候剧变、闷热、潮湿、多雨的时期发病较多。狐狸对多杀性巴氏杆菌比较敏感。这种病多呈地方性暴发流行，多为群发，病死率很高。

病因：该病主要由咳嗽、喷嚏排出病原菌，通过飞沫经呼吸道感染健康狐狸；吸血昆虫叮咬患病狐狸皮肤黏膜的外伤部位，然后叮咬健康狐狸可使其感染上该病。而且，狐狸接触感染多杀性巴氏杆菌的饲料、饮水、用具、畜、禽和兔等肉类以及肉联厂的副产品而感染。狐狸场内养殖鸡、鸭、鹅、犬、猪等动物，可造成狐狸感染多杀性巴氏杆菌。狐狸场进出人员没有执行狐狸场的消毒程序，而致使外来的多杀性巴氏杆菌进入狐狸场，引起狐狸感染。

症状：床上常见的有超急性型、亚急性型，慢性型，肺型和肠型。

超急性型：大群狐狸突然出现死亡或呈现神经症状，病狐狸癫痫式抽搐尖叫，虚脱出汗致使机体衰竭而死。

亚急性型：病狐狸发病症状类似感冒，体温升高至 40 ~ 41.5℃，鼻镜干燥，食欲减退或不食，渴欲增高，不愿活动。

慢性型：病狐狸精神不振，食欲减退或废绝、呕吐，常卧于小室内，不活动。被毛无光泽、鼻镜干燥、消瘦、拉稀、肛门附近沾有少量稀便或黏液。如不及时治疗，3 ~ 5 天或更长时间即死亡。

肺型：狐狸呼吸频率增加，心跳加快，病狐狸口中呕吐鲜血或鼻孔喷出泡沫样液体或血液，并呈现头、颈水肿、眼球突出等症状。病程一般为 48 ~ 72 小时。

肠型：病狐狸常卧于小室内，被毛无光泽，不活动，食欲不佳或拒食，呕吐。体温升高，鼻镜干燥，眼球塌陷。病狐狸出现下痢，且稀便中混有血液，肛门附近沾有少量稀便或黏液。如不及时治疗，通常在昏迷或痉挛中死去。

病理剖检变化：病死狐狸剥皮后可见全身黏膜及皮下组织有大量的出血点，多处淋巴结肿大出血，胸肌及四肢肌肉有大量散在斑点状或者条带状出血。主要病变在腹腔组织脏器，眼观可见腹壁、十二指肠、空肠、结肠及肠系膜大量黄豆大的出血点。剖开肠管可见内容物呈现土黄色，肠壁脱落，肠肌层膜和浆膜层出血严重。肺部有可见大量出血斑点，呈鲜红色且形状不规则；气管内含大量白色泡沫；心脏稍肿大，心包有少量积液，心冠脂肪可见零星散在出血点；肝脏肿大呈鲜红色，表面有点状出血；脾脏肿大并呈鲜红色；肾脏肿大，剖开被膜下可见有针尖状出血点。

诊断：根据巴氏杆菌的流行病学特点，病狐狸临床症状和病理剖检变化可做出初步诊断。由于其症状与副伤寒、犬瘟热、伪狂犬病、钩端螺旋体等传染病的症状相似，因此需进行鉴别诊断，进一步确诊需进行实验室检查。

细菌学检查：本菌存在于病狐狸全身各组织器官，体液、分泌物及排泄物里。只有少数慢性病例，存在于肺脏的小病灶里。健康狐狸的上呼吸道，也可能携带巴士杆菌。用瑞氏－姬姆萨法、美蓝染色镜检，显示菌体多呈卵圆形，两端着色深、中央着色浅，所以叫两极浓染的小杆菌。用培养物做的细菌涂片，两极着色不明显。如细菌培养呈阳性，动物试验有毒力，方可确诊为巴氏杆菌病。

治疗与预防：已经发病的狐狸需要马上隔离治疗，对病狐肌注青霉素 240 万国际单位/只、庆大霉素 16 万，同时配合使用止血敏、VC、VB 等药物，2 次/天。药物预防：新诺明、奎乙醇拌料使用。笼舍清扫并用 0.1%百毒杀、生石灰水交替进行消毒，1 次/天。采取综合防治措施 2 天后，全群状态良好，无新增疑似病例。已经发病的狐狸经治疗后症状基本消失，5 天后病狐痊愈，并停止用药。

改善饲养管理，去除可疑饲料及污染物，隔离病狐狸，食具煮沸消毒。加强饲养场的卫生防疫工作，改善饲养管理。兔、犊牛、仔猪、羔羊和禽类加工厂的下脚料，要高温无害化处理后再饲喂狐狸。当阴雨连绵，或秋冬季节交替，气温多变时期，要加强管理食具，产箱的卫生和垫草的补给。狐狸不宜和其他畜禽混养在一个场里，以免相互传染疾病造成经济损失。定期注射巴氏杆菌疫苗（毛皮动物专用），能起到预防该病的效果。但到目前为止，国内外生产的巴氏杆菌疫苗，免疫期比较短，所以一年要多次接种。

二、狐狸大肠杆菌病

狐狸大肠杆菌病是指狐狸感染大肠杆菌而引起的传染病，临床上以严重腹泻和败血症为主要特征。断奶前后的幼狐狸和 1 月龄的狐狸对大肠杆菌最易感染，成年狐狸及老年狐狸很少发病。

病因：夏季主要以冷冻饲料饲喂狐狸，其可引起大肠杆菌病。冲洗饲料的剩水，由于其富含蛋白质，常被用来饲喂狐狸，但是其易导致蚊蝇大量滋生，造成狐狸场大肠杆菌病的流行并污染环境。饲养管理混乱，卫生环境不好及母狐狸泌乳不足等，也可导致该病流行。该病的流行有一定的季节性，北方多见于8～10月，南方多见于6～9月，多呈暴发流行。

症状：病狐无眼眵，鼻液正常，鼻镜稍干，精神沉郁，食欲减少或废绝，腹部膨胀，被毛粗乱无光泽，呆立，有的病狐虚弱不能站立，颤抖，体温升高，但四肢发凉，眼眶下陷，全身脱水，皮肤弹性下降，迅速消瘦，很快死亡。病狐拉稀，有的排黄绿色稀便（初病病例），有的拉水样便（后期病例），有的粪中带有血液或脱落的肠黏膜，气味腥臭，灰色或灰褐色，带黏液，有的排出粪便如煤焦油状。病死狐肛门周围和后肢皮毛常常被粪便污染。

病理剖检变化眼帘深陷，脱水明显，尸体腹部膨胀，肛门周围被稀便污染。胸腔器官肉眼病变不明显，个别见肺脏出血；腹腔内有大量橘黄色积液，有恶臭味；肝肿大，表面有白色渗出物。胃内容物呈煤焦油状，胃底黏膜充血、出血，十二指肠、空肠、回肠、结肠、盲肠内均有不同程度的出血充血和炎性病变，内容物为煤焦油状，肾脏、脾脏病变不明显。

诊断根据大肠杆菌的流行病学特点，病狐狸的临床症状和病理剖检变化可做出初步诊断，进一步确诊需进行实验室检查。

病料涂片镜检。无菌取新鲜病死狐的心血、肝进行涂片，革兰氏染色镜检，发现有散在的中等大小、两端钝圆的革兰氏阴性杆菌。

治疗与预防：狐狸大肠杆菌病可将菌丝霉素 4 000～10 000单位，溶解于0.5%奴夫卡因溶液或高免血清中进行注

射；内服氯霉素每次 0.1~0.2 克，一天 2 次；同时皮下注射
20% 葡萄糖 10 毫升，或复合维生素 b 生理盐水注射液 20~40
毫升，分多点皮下注射。全群狐狸用新华肠道速安（主要成
分为培氟沙星等）按说明混料，连用 3~4 天。对病狐狸肌肉
注射 0.2 毫升/千克宝树绝妙（主要成分为环丙沙星等药物），
每天 2 次，连用 3 天；同时肌肉注射 0.2 毫升/千克止泻灵
（主要成分为穿心莲等），每天 2 次，连用 3 天。

搞好环境卫生，加强饲养管理，特别是仔狐狸的生活环
境，经常检查及时除掉蓄积在小室内的饲料，以防仔狐狸采
食后患胃肠炎。仔狐狸断奶后，要饲喂优质的肉类饲料，稠
度要稀一点，适当加一些抗生素类的药物，控制该病的发生。
发病季节，可给每只狐狸口服（混到饲料中）氯霉素 0.1~
0.2 克，每日一次，连用 5 天，进行预防。

三、狐狸沙门氏菌病

狐狸沙门氏菌病是指狐狸感染沙门氏菌而引起的传染病。
临床上以发热、下痢、败血症及母狐狸流产为特征。该病流
行有明显的季节性，一般发生在 6~8 月，常呈地方性流行，
具有较高的病死率，一般可达 40%~65%。主要侵害 1~2 月
龄的狐狸，成年狐狸对该病有一定的抵抗力。

病因：狐狸接触染沙门氏菌的饲料，经消化道可感染，
也可通过直接接触和子宫内感染。饲养管理不当、气候突变、
感冒、饲料变质、防疫制度不严等都可促使该病发生。幼龄
狐狸换牙期、断乳期，饲料质量不好，机体抵抗力下降也诱

发沙门氏菌病。

症状：该病在临床上大致可分为急性、亚急性和慢性3种。

急性：病狐狸拒食，先兴奋，后沉郁。大多数病狐狸躺卧于小室内，走动时背弓起，在笼内缓慢移动。体温升高到41~42℃，整个发病期内呈现波动性变化，只有在死亡前不久体温才下降。发生下痢、呕吐、在昏迷状态下死亡。一般经5~10小时或延至2~3天死亡。哺乳期仔狐狸患病时，表现虚弱，不活动，吮乳无力，在窝内呈散乱状态，叫声嘶哑无力，发育滞后。病程为2~3天，个别的病程长达7天，多数以死亡告终。

亚急性：病狐狸被毛蓬乱无光，精神沉郁，眼睛下陷无神，呼吸频率加快，食欲丧失。病狐狸主要表现胃肠机能高度紊乱，体温升高到40~41℃。有时出现化脓性结膜炎。少数病例有黏液性化脓性鼻漏或咳嗽。病狐狸很快消瘦、下痢，粪便变为液体状或水样，混有大量胶体状黏液，个别混有血液。四肢软弱无力，特别是后肢不全麻痹。在高度衰竭情况下，7~14天死亡。

慢性：病狐狸被毛蓬乱、粘结、无光泽。病狐狸卧于小室内，很少运动。病狐狸消化机能紊乱，食欲减退，下痢、粪便混有黏液，进行性消瘦。贫血，眼球塌陷，有的出现化脓性结膜炎。走动时步履不稳，行动缓慢，在高度衰竭的情况下，经3~4周死亡。在配种和妊娠期流行该病时，可造成大批狐狸空怀和流产，空怀率达14%~20%。仔狐狸10日龄以内病死率高达20%~22%。多数病狐狸在妊娠中后期发生流产。

病理剖检变化：病狐狸血液凝固不良，实质器官颜色变淡，膀胱积尿，黏膜、皮下脂肪、浆膜见轻微黄疸。肝、脾肿大、黄染、质脆，切面多汁，特别是脾脏显著肿大，3～8倍以上。肾脏有多处点状及斑状出血，肺部淋巴结肿大，胃肠空虚，胃、肠黏膜均有不同程度的肿胀、出血或坏死。肠道各段均出现出血斑且大肠明显，胃脏有陈旧样出血斑，胆囊黏膜有出血斑，膀胱黏膜有出血斑。妊娠期死亡母狐狸子宫肿大，内膜覆有纤维素性污秽物。

诊断：经过对发病狐狸进行沙门氏菌的流行病学调查，观察病狐狸临床症状及病理剖检变化，可做出初步诊断，进一步确诊需进行实验室检查。

细菌学检查：从死亡狐狸的脏器和血液中分离细菌进行培养，进行生物学检查。用无菌方法采血，接种于3～4支琼脂斜面或肉汤培养基内，在37～38℃温箱中培养，经6～8小时有该菌生长，将其培养物和已知沙门氏菌阳性血清做凝集反应，即可确诊。

治疗与预防：该病治疗原则为抗炎、解热、镇痛。一般用氯霉素、新霉素和左旋霉素等抗生素治疗。为保持心脏功能，可皮下注射20%樟脑油，也可以用泰诺康注射液，拜有利注射液。镇痛解热药：安痛定注射液，为了保持体内电解质平衡，防止脱水，有条件的可以静脉补液5%葡萄糖生理盐水。加强饲养管理及时更换饲料、饮水，不使用患沙门氏菌病的畜禽肉及被污染的饲料饲喂狐狸，对笼箱、小室、食具等经常消毒。加强母狐狸妊娠期、哺乳期和仔狐狸断奶期的饲养管理，提高其抗病能力。在该病高发季节6～8月，饲料中应加入适量抗生素或磺胺类药物进行预防性。

四、狐狸魏氏梭菌病

狐狸魏氏梭菌病（肠毒血症）是指狐狸感染魏氏梭菌而引起的急性细菌性传染病，临床上以气性坏疽和出血性肠炎为特征。幼狐狸对其较敏感，该病流行初期，个别散发流行。

病因：狐狸采食本菌污染的肉类饲料或饮水感染。本菌主要经消化道感染，病原菌随粪便排出体外，毒力不断增强，使传染不断扩散，1～2个月或更短的时间内，可使全群狐狸发病。双层笼饲养或一笼多只饲养，以及卫生条件不好，会加快本菌的传播。

症状：潜伏期12～24小时，流行初期一般无任何临床症状而突然死亡。病狐狸食欲减退或废绝，很少活动，久卧于小室内，步态蹒跚，呕吐。粪便为液状，呈绿色并混有血液。常发生肢体不全麻痹或全麻痹。头震颤呈昏迷状态，病死率约90%。

病理剖检变化：皮下组织水肿，胸腔内混有血样渗出液，膈和肋膜有出血点或出血斑。胃、肠黏膜肿胀充血、出血，幽门部有小溃疡灶，黏膜下有出血；胃底黏膜有大小不等的出血斑，十二指肠黏膜明显肿胀，黏液增加，出血非常严重，呈弥漫性出血；空肠和回肠内有血液，但肠道黏膜不出血，只是黏液增加，肠系膜淋巴结肿大、充血、出血，其他器官变化不明显。肠系膜淋巴结增大，切面多汁，有出血点；肠内容物呈暗褐色，混有黏液或血液。甲状腺增大有点状出血，肝脏肿大，呈黄褐色或土黄色。

诊断：根据魏氏梭菌的流行病学特点，病狐狸的临床症状和病理剖检变化可初步诊断，进一步确诊需进行实验室检查。

镜检：无菌条件下采取心血、肝、脾和十二指肠内容物置于平皿中，冷藏保存。经革兰氏染色，发现两端略钝圆粗大的杆菌。革兰氏染色为阳性，菌体外有一层较厚的荚膜，多数为单个或成对排列，个别的呈短链排列。心血、肝和脾镜检时视野中只有少量菌体，而在十二指肠中发现大量菌体，每个视野至少有 50 个菌体。

细菌学检查：采集新鲜病料接种于肝片肉汤培养基中，细菌迅速生长，在 5 ~ 8 小时即混浊，并产生大量气体，气体穿过干酪蛋白凝块，使之呈多孔样海绵状，这种现象称为"暴烈发酵"，可应用于该病的快速诊断。

动物试验：取本菌培养物 0.1 ~ 1.0 毫升，接种于豚鼠皮下，局部迅速发生严重的气性坏疽，皮肤呈绿色或黄褐色，湿润，脱毛，易破裂，局部肌肉不洁，呈灰褐色的煮肉样，易断裂，并有大量的水肿液和气泡。通常接种后 12 ~ 24 小时死亡。用培养物喂幼兔，可引起出血性肠炎而死亡，即可证明组织中含有魏氏梭菌。

毒素测定：取病死狐狸的回肠内容物，以生理盐水稀释 2 倍，每分钟 3 000 转离心 15 分钟，取上清液用 EK 滤板滤过，取滤液 0.1 ~ 0.3 毫升，小白鼠尾部静脉注射（或腹腔注射），在 24 小时内死亡，证明含有毒素，即可证明组织中含有魏氏梭菌。

治疗与预防：一般采用抗生素、磺胺和沙星类药物肌肉注射或预防性投药，用新霉素、土霉素、黄连素、喹乙醇、氟哌酸等药物，每公斤体重按 10 毫克投于饲料中饲喂，早晚各一次，连用 4~5 天。肌肉注射庆大霉素 1~2 毫升或甲硝唑 4~5 毫升，为了促进食欲每天还可肌肉注射维生素 B_1 或复合维生素 B 注射液和维生素 C 注射液各 1~2 毫升，重症可皮下或腹腔补液。注射 5% 葡萄糖盐水 10~20 毫升，背侧皮下多点注射。也可腹腔一次注入。

预防该病主要是不饲喂狐狸腐败变质的饲料。当发生该病时，应将病狐狸和可疑病狐狸隔离饲养和治疗。病狐狸污染的笼舍，用 1%~2% 苛性钠溶液或火焰消毒；粪便和污物，堆放指定地点进行生物热发酵。地面用 10%~20% 新鲜的漂白粉溶液喷洒后，挖去表土，换上新土。

五、狐狸李氏杆菌病

狐狸李氏杆菌病是指狐狸感染李氏杆菌而引起的急性细菌性传染病，临床上以败血症伴有心内膜炎、心肌炎、脑膜脑炎和单核细胞增多为特征。该病虽然没有明显的季节性，但多发于春季和夏季。

病因：在狐狸场中，该病的主要传染源是病狐狸，健康狐狸接触病狐狸的粪尿、乳汁、流产胎儿、子宫分泌物、精液和眼鼻分泌物可感染该病。病狐狸接触李氏杆菌污染的饲料和饮水，以及直接饲喂带有李氏杆菌病的畜、禽、肉类饲料等都能使狐狸感染发病。维生素缺乏、寄生虫病和其他致使机体抵抗力下降等可加剧狐狸李氏杆菌病的发生。

症状：幼狐发病后食欲减退或完全拒食，出现结膜炎、角膜炎、鼻炎等症状。随后出现呕吐、排带血粪便等症状。后期出现神经症状，兴奋与沉郁交替出现，共济失调，肌肉震颤或异常运动如转圈运动等。成年狐以咳嗽、呼吸困难为主要表现。病程一般3～4天，慢性病例可长达3～4周。

病理剖检变化：脑血管充血、脑软化，水肿。脑硬膜点状出血。病狐狸心外膜有出血点，肝脏脂肪变性（脂肪性营养不良）呈土黄色或暗黄红色，被膜下有出血点和出血斑。脾脏增大3～5倍，有出血点和出血斑。肾、脾、膀胱等器官出血、变性，有梗死灶，肺有化脓性炎症，胃肠急性卡他性炎症变化，肠黏膜卡他性炎症。

诊断：根据李氏杆菌的流行病学特点、病狐狸的临床症状和病理剖检变化可初步诊断，进一步确诊需进行细菌学检查。

无菌采取发病狐肝、脾、肾组织接种血亚碲酸钾培养基（普通琼脂100毫升，脱纤维兔血10毫升，2%亚碲酸钾1毫升），有黑色菌落生长，并有明显的B溶血现象。

本菌为需氧及兼性厌氧菌，在普通培养基上能生长，在肝汤琼脂上生长良好，呈圆形、光滑平坦、黏稠透明的菌落，折光观察，呈乳白色。于血液琼脂上，呈β型溶血。在肉汤内微混浊，形成灰黄色颗粒沉淀。

治疗与预防：用氯霉素配合青霉素或链霉素，治疗效果较好。链霉素每只5万～10万单位肌肉注射，每日2～3次。

青霉素 10 万~20 万单位肌肉注射，每日 2~3 次。新霉素每只 1 万单位混于饲料中喂下，每日三次，可取得较好的效果。庆大霉素每只 25 万单位肌肉注射每日两次。也可应用磺胺二甲基嘧啶和长效磺胺，每只 0.1~0.2 克内服，每日三次。在应用抗生素或磺胺类治疗的同时，也要注意对症治疗。强心、补液，注射复合维生素 B 或维生素 B_1 注射液每次 1~2 毫升，镇静可肌肉注射盐酸氯丙嗪，每只 0.2~0.5 毫升，每日 2 次。对污染的笼舍、地面彻底消毒。加强饲养管理，对用作饲料的肉类副产品进行细菌学检查，可疑饲料必须煮熟后再喂。经常开展灭鼠活动，防止野禽和啮齿类动物进入狐场。

六、狐狸出血性肺炎

狐狸出血性肺炎，是由绿脓杆菌引起的狐狸的一种急性败血性传染病，临床上以出血性肺炎和肺水肿为特征。该病没有明显的季节性，呈地方性流行。幼龄狐狸对绿脓杆菌易感，其发病率高达 90% 以上。

病因：秋季狐狸脱毛时，由于未经处理，致使狐狸的毛在场内四处飞扬，当毛上粘附绿脓杆菌时，可污染饲料和饮水。健康狐狸接触绿脓杆菌污染的水源，环境，肉类饲料和病狐狸的粪便、尿、分泌物可感染该病。东北地区 9~10 月，南方 10~11 月，气温多变，冷热不均，尤其是低温潮湿，使机体抵抗力下降，加剧绿脓杆菌的感染。

症状：该病经常急性发作，常无症状死亡。病狐狸出现腹式呼吸，并伴有异常的尖叫声。食欲废绝，体温升高，鼻镜干燥，行动迟钝，眼部分泌物增多，流泪，鼻孔周围有血液附着、流鼻液。爪子肿大，常呈地方性流行。病狐狸咯血或鼻出血，发病后 1~2 天很快死亡。自然感染时，潜伏期19~48 小时，最长的 4~5 天。

病理剖检变化：胸腔积液，胸膜有纤维素性渗出物。出血性肺炎，肺充血、出血和水肿，外观呈暗红色，切面流出大量血样液体，严重的呈大理石样变，肺门淋巴结肿大出血。心肌弛缓，冠状动脉沟有出血点。胸腺（幼龄狐狸）布满大小不等的出血点，呈暗红色。脾肿大，胃和小肠前段内有血样内容物，黏膜充血、出血。

诊断：根据绿脓杆菌的流行病学特点，病狐狸的临床症状和病理剖检变化，可做出初步诊断，进一步确诊需进行细菌学检查。

本菌对氧气要求不严格，在普通培养基上可生长。在肉汤培养基上，于37℃，pH 值为 7.2 条件下经 2~3 天，形成大量沉淀，在上层，初期呈绿色，后期变成淡褐色的薄膜。在琼脂平板上，形成光滑、微突起、边缘整齐或呈波状的大菌落，初期透明，后变成浅灰色或淡褐色，并产生蓝绿色色素和黄绿色荧光素。当培养基内添加 2%~3% 甘油或甘露醇，以及流动的液体培养时，最易形成色素。

治疗与预防：由于不同的绿脓杆菌，对不同的抗生素药物的敏感性不一致，所以联合应用几种抗生素或其他抗菌药时，治疗效果较好。将多粘菌素、新霉素、庆大霉素、卡那霉素等各 1 000~1 500 单位，或多粘菌素 2 000 单位和 0.2 克/千克磺胺噻唑，混于饲料内饲喂狐狸，能取得较好效果。

加强饲养管理，保持干燥、良好的卫生状况，是预防该病的重要措施。经常清洗给狐狸供水的水塔，并在水中按10克/立方米加入百毒净，10分钟后饮用。进行免疫接种也可较好预防该病，在疫区分离到的地方株，制备福尔马林灭活菌苗作预防接种。

七、狐狸嗜水气单胞菌病

狐狸嗜水气单胞菌病是由嗜水气单胞菌引起的一种人兽共患的传染病，临床上以出血性败血症及血痢为特征。狐狸对此菌有较高的易感性，发病率为66%左右，致死率为97%。该病一年四季都可发生，但多见于夏秋两季，

病因：嗜水气单胞菌是水中栖息菌，寄生在鱼类体表，当健康狐狸饮用或采食被嗜水气单胞菌污染的水源、鱼和饲料等会感染该病。饲养管理不好，动物瘦弱，卫生条件差，可促进该病的发生。该病主要由消化道感染，断乳后的仔狐狸比成年狐狸易感，故青年狐狸发病率高于成年狐狸。

症状：该病发病急，病程短，常呈地方性流行。急性病例突然发病，精神萎靡，体温高达40℃以上，食欲减退或废绝，并表现抽搐和惊叫，有的迅速死亡。亚急性病例主要表现呼吸困难，食欲不振，拒食，精神萎靡，眼睛发炎潮红，流涎、下痢，最后痉挛昏迷而死。约有20%的病狐狸呈现后肢麻痹。该病潜伏期与饲料的污染程度和狐狸体况有关，通常3~5天。

病理剖检变化：皮肤剥开，皮下组织水肿，胶样浸润。

气管和支气管内有淡红色泡沫样液体。气管黏膜充血出血，有出血点，喉水肿，肺脏有大小不等的出血点或出血斑，部分肺小叶呈肉囊状、水肿、肉变。肝脏边缘钝圆，呈土黄色、质脆，被膜上有出血点，胆汁稀少色淡。脾肿大，髓质软化如泥，偶见坏死灶，有散在的出血点。肾脏呈灰白色，有出血点。肠系膜淋巴结肿大，有出血点，切面多汁。个别病例胃黏膜脱落，肠黏膜有散在的出血点。脑膜和脑实质有出血点。

诊断：根据嗜水气单胞菌的流行病学特点，病狐狸的临床症状和病理剖检变化可以初步诊断，进一步确诊需进行细菌学检查。

镜检：剖开胸、腹腔，无菌采集心、肝、脾、肺等病料进行涂片，干燥固定，进行革兰氏染色，镜检，可以看到革兰氏阴性小杆菌。

细菌分离培养：无菌采集心、肝、脾、肾、淋巴结等组织，分别接种于普通琼脂、绵羊血琼脂和麦康凯氏琼脂培养基中，分别放于37℃、10℃、20℃、10%二氧化碳厌氧条件下培养，可见到典型菌落。

动物试验：以无菌方法采集濒死或刚死不久的病狐狸的肝和脾病变组织制成10%的悬液（即1:10），或纯分离的24小时的细菌培养物，经口或皮下接种于健康狐狸，一般3～7天发病致死，也可以给小白鼠腹腔接种，2～4天发病死亡。

治疗与预防：早期应用链霉素，氯霉素、庆大霉素、四环素、卡那霉素，呋喃妥因及痢特灵，能收到良好的效果，同时也要配合一些辅助疗法。调节食欲可以饲喂病狐狸一些适口性强的新鲜的肉蛋类；防止出血可注射止血剂；促进食欲，加强代谢能力，可肌肉注射复合维生素 B 注射液和维生素 C 等注射液。

　　加强狐狸场内卫生防疫工作，管理好水源，禁用河水、池塘水饲喂狐狸和洗刷饲养用具（如食盆、水槽等）。饲喂鱼类饲料（海杂鱼、淡水鱼）时，严禁生喂，鱼类要彻底冲洗后，经蒸煮无害化处理后再饲喂狐狸。狐狸尽量饮用自来水或地下水。冷藏饲料的库房（冷库或者冷藏冰箱）要定期消毒。发现该病要立即更换饲料成分，除去可疑饲料，并在混合料中加喂抗生素药物，食具要煮沸消毒。

八、狐狸克雷伯氏菌病

　　狐狸克雷伯氏菌病是指狐狸感染肺炎克雷伯氏菌和臭鼻克雷伯氏菌引起的传染病，临床上以脓肿、蜂窝织炎，麻痹和脓毒败血症为特征。常呈地方性暴发流行，亦有散发。

　　病因：克雷伯氏菌对狐狸有较强的致病性和传染性。健康狐狸接触感染克雷伯氏菌病的狐狸的粪便和被克雷伯氏菌污染的水和饲料（肉联厂的下脚料，如乳房、脾脏、子宫等）时，都可感染该病。

　　症状：脓疱型，病狐狸表现精神沉郁，食欲减退，周身出现小脓疡，特别是颈部、肩部出现许多小脓疱，破溃后流出黏稠的白色或淡蓝色的脓汁。大多数形成瘘管，局部淋巴结形成脓肿。

　　蜂窝织炎型，病狐狸多在喉部出现蜂窝织炎，并向颈下蔓延，可达肩部，化脓、肿大。

麻痹型，病狐狸食欲不佳或废绝，后肢麻痹、步态不稳，多数病狐狸出现此症状后 2 ~ 3 天即死亡。如果局部出现脓疱，则病程更短。

急性败血型，病狐狸突然发病，食欲急剧下降或废绝，精神高度沉郁、呼吸困难，出现症状后很快死亡。

病理剖检变化：急性败血型，病狐狸营养状态良好，死前有明显呼吸困难，呈现化脓性或纤维素性肺炎和心内、外膜炎，胸腺有出血斑。脾肿大，肾有出血点或充血性梗死。

脓疱型，体表有脓疱，破溃流出黏稠的灰黄白色的脓汁，特别是颌下或颈部淋巴结易出现这种情况。脑实质软化、水肿。心外膜有出血点，脾肿大 3 ~ 5 倍，有出血点。肝脏变性呈土黄色（脂肪性营养不良），被膜下有点状或斑状出血。

蜂窝织炎型，在颈部或躯体其他部位发生蜂窝织炎时，局部肌肉呈灰褐色或暗红色。肝脏明显肿大，质硬而脆弱，充血淤血。肝脏切面有多量凝固不全、暗褐红色的血液流出，切面外翻，被膜紧张，有出血点。胆囊增厚，有针尖大小的黄白色病灶。脾肿大 3 ~ 5 倍，充血淤血，呈暗紫红色，被膜紧张，边缘钝圆，切面外翻，肾上腺肿大。

麻痹型，除上述器官变化外，伴有膀胱充满黄红色尿液，膀胱黏膜增厚，脾肿大，肾肿大。

诊断：根据克雷伯氏菌的流行病学特点，病狐狸的临床症状和病理剖检变化可初步诊断，此病应和链球菌病，结核菌引起的脓肿进行鉴别诊断。进一步确诊需进行细菌学检查。

细菌学检查：在普通琼脂培养基上形成乳白色、湿润、闪光、半透明黏液状正圆形菌落，若继续培养，有的菌落相互融合在一起，呈无结构的黏液状，以接种环钩取则呈丝状。本菌能发酵葡萄糖、乳糖和麦芽糖。本菌产酸、产气，MR 试验和 VP 试验阳性，且能水解尿素，不产生硫化氢，一般不产生靛基质，不液化明胶。

治疗与预防：当狐狸发生克雷伯氏菌病时，应将健康狐狸和病狐狸及疑似病例及时隔离。用庆大霉素、卡那霉素、氯霉素、环丙沙星、恩诺沙星和磺胺类药物进行治疗。如果体表发生脓肿，可切开排脓，用双氧水冲洗创腔，撒布消炎粉或其他抑菌药物，每只狐狸肌肉注射 10 毫克庆大霉素，同时口服环丙沙星 5~7 天。加强饲料的卫生管理，垫草禁用带刺和有芒的草类，以免发生外伤感染，小室（产箱）要经常被打扫消毒，保持干燥。

九、狐狸丹毒病

狐狸丹毒病是指狐狸感染红斑丹毒杆菌而引起的传染病，临床上以急性败血症，严重呼吸困难及迅速死亡为特征。该病一年四季均可发生，但夏季多发，病狐狸不分年龄和性别都可发生该病，多散发。

病因：该病主要经消化道感染，狐狸接触被丹毒杆菌感染的动物可感染该病。狐狸接触被丹毒杆菌污染的饲料、饮水、土壤等而引发该病。吸血昆虫，如蚊、蝇、虱、蜱等叮咬也可引起该病的传播。

症状：患病狐狸多表现为精神沉郁、萎靡不振、食欲减退或废绝。体温高达 42℃，高热稽留，呼吸困难。口腔、鼻腔、结膜等黏膜发绀，鼻镜干燥，鼻腔和眼角有黏性分泌物。后肢关节肿大，行走困难，呈瘫痪状态。趾掌部水肿，排粪排尿失禁。常于发病后 2~8 小时死亡。有的病狐狸皮肤出现类似亚急性猪丹毒的不规则的炎性肿块。

病理剖检变化：肺充血，水肿；心包积水、心肌发炎、心内膜有点状出血；脾脏淤血肿大，呈樱桃红色；胃肠充血、出血；肾肿大，贫血，肾脏有大小不等的出血点；淋巴结肿大，充血，切面多汁。

诊断：根据患病狐狸的临床症状和病理剖检变化，并结合细菌学检查可确诊。

细菌学检查取新鲜的心血、脾、肾或淋巴结等病料涂片，染色镜检，可见革兰氏阳性，细长的、成对或成丝状的杆菌。

治疗与预防：患病狐狸可用血清及抗生素治疗，抗丹毒血清 3~5 毫升皮下注射，24 小时后重复注射一次，发病初期应用效果很好。青霉素 1 单位/千克体重，肌肉注射，每日 2~3 次。拜有利注射液，每千克体重 0.05 毫升，肌肉注射每天一次。为促进食欲可注射复合维生素 B 注射液 1~2 毫升。

禁止饲喂污染的动物性饲料，鱼类饲料饲喂之前应严格检查。使用屠宰猪的下脚料时一定要高温处理后熟喂，而且要严格管理，生熟分开。养狐狸场要尽量远离猪、鼠、鸽子和兔等动物，避免健康狐狸被带菌动物传染。对笼具要用消毒药定期消毒。可尝试接种猪丹毒活菌苗和甲醛菌苗，每只皮下注射 1 毫升。

十、狐狸双球菌病

双球菌病是指狐狸感染双球菌而引起的一种急性传染病，临床上以脓毒败血症，内脏器官炎症和体腔积液为特征，发病率及病死率很高。该病的流行没有季节性，成年狐狸多发于妊娠期，幼龄狐狸常呈暴发流行。

病因：本菌可通过多种途径进行传播，例如，消化道感染，胎盘，呼吸道等。狐狸场饲养管理不当，卫生条件不好，饲料不全价以及寒冷等诸多因素都诱发该病的发生。健康狐狸接触带菌的狐狸和病狐狸的肉、奶而感染该病。

症状：该病的潜伏期2～6天。新生仔狐狸发病时常无特征性临床症状而突然死亡。日龄较大的仔狐狸表现精神沉郁、拒食、步态摇摆、前肢屈曲、拱背、呻吟、躺卧不起，摇头、呼吸困难、腹式呼吸，从鼻和口腔内流出带血的分泌物，有的下痢。怀孕狐狸易发生流产、空怀。

病理剖检变化：胸腔、心包及腹腔内有化脓性渗出物。气管、支气管内有出血性、纤维素性和黏液性渗出物，肺充血肿大。脾脏微肿大，肝肿大，表面有黄粘土色条纹，淋巴结肿大充血。

诊断：根据双球菌的流行病学特点，病狐狸的临床症状和病理解剖变化可初步诊断，进一步确诊需进行细菌学检查。

采集肝、心、淋巴结及各种渗出物涂片染色，镜检。发现革兰氏阳性，成对排列的双球菌，即可确诊。

治疗与预防：病狐狸可用抗牛犊或羔羊双球菌病高免血

清治疗，每只狐狸皮下注射 3～5 毫升，每日一次，连用 2～3 天，同时配合抗生素及磺胺类药物进行治疗。还应加强对症治疗、强心、缓解呼吸困难，肌肉注射樟脑磺酸钠，每只 0.3～0.4 毫升，为促进食欲每天肌肉注射维生素 B_1 注射液，维生素 C 等，每天每只各注射 1～1.5 毫升。

加强狐狸群的饲养管理，清除不良因素，提高动物体的抵抗力。饲料要全价，断奶分窝要及时调整饲料组成和稠度的变化。增加鲜饲料和维生素类的补给，严禁饲喂病畜的肉和奶。在饲料内添加一定量的金霉素、新霉素或多粘菌素，可预防该病。

十一、狐狸炭疽病

狐狸炭疽病是指狐狸感染炭疽杆菌而引起的急性人兽共患的传染病。临床上以突然发病、高热、天然孔出血，脾脏肿大，皮下和浆膜下结缔组织浆液性、出血性浸润为特征。该病没有季节性，一年四季均可发生，但夏季多见，特别是洪水泛滥以后易流行。

病因：吸血昆虫和野鸟可携带本菌而传播炭疽病。狐狸采食被炭疽杆菌污染的肉类饲料，可导致狐狸在短期内大批发病，在 2～3 天内出现死亡高峰，之后死亡曲线下降。发生炭疽病后，狐狸场未采取扑灭措施，病菌存在于狐狸场，致使健康狐狸发病。

症状：呈急性经过，病程为 20～30 分钟到 2～3 小时。病狐狸体温升高，咳嗽，呼吸频数、步态蹒跚、渴欲增加、拒食、抽搐、血尿和腹泻、粪便内混有血块和气泡，常从鼻孔和肛门里流出血样泡沫，一般转归死亡。

病理剖检变化：感染炭疽病而死亡的狐狸严禁解剖，在特殊情况下需要解剖时，应在严密控制下进行。炭疽特征性病理变化是：血液凝固不全，呈酱油样，尸体迅速腐败而膨胀，天然孔流血，皮下及浆膜下出血性胶样浸润，脾肿大，软化如泥，全身淋巴结肿大。

诊断：根据炭疽杆菌的流行病学特点，病狐狸的临床症状和病理剖检变化，可作出初步诊断，进一步确诊需进行血清学和细菌学检查。

由于该病属高度危险性传染病，采取病料时要严格按法定传染病的规定程序采集样品。

细菌学检查镜检：急性死亡狐狸的新鲜病料中，炭疽杆菌具有特征性的菌体形态和荚膜，对于病的确诊和鉴别诊断有重要的意义。取尸体末梢（耳或肢体）血管血液涂片、固定后，用荚膜染色法染色，若涂片中见有短链，两端呈竹节状带有荚膜的大杆菌时，即可确诊。采取病料后局部创口应以碘酊或升汞棉球堵塞并包扎，或烧烙，以防污染周围环境。

新鲜病料或陈旧腐败的病料，都可用血清学检查即沉淀反应诊断。检查时，取病死动物血液 5 毫升或肝、脾 1 克左右，于乳钵中研成糊状，再用灭菌生理盐水制成 5～10 倍悬液，放试管中，于水中煮沸 15～30 分钟，冷却后过滤。用毛细吸管吸取透明滤液缓缓地沉积于装在细玻璃管中的炭疽沉淀素血清上。1～5 分钟内，如两液滴接触面出现清晰的白色沉淀时为阳性，即可确诊为炭疽。

治疗与预防：目前无特效疗法。可应用抗炭疽血清进行特异性治疗。狐狸及紫狐狸皮下注射抗炭疽血清，成年狐狸 3～5 毫升，幼龄狐狸 1～3 毫升。也可采用青霉素治疗，狐狸和紫狐狸每次肌肉注射 15 万～20 万单位，每日 3 次肌肉注射。

建立卫生防疫制度，严禁采购、饲喂原因不明或自然死亡的动物肉类产品。疫区每年应注射炭疽疫苗，用法和用量可按疫苗使用说明书使用。对可疑病狐狸进行隔离治疗，死后不得剖检和取皮，一律焚烧或深埋。被病狐狸污染的笼舍应进行火焰消毒。也可用 20% 漂白粉溶液，或用 5% 硫酸石炭酸合剂消毒。被污染的垫草和破损的低值易耗品应烧掉。地面用漂白粉消毒后，铲除 10 厘米的厚土层。饲养人员应严格遵守防护制度，以防感染。

十二、狐狸结核病

狐狸结核病是指狐狸感染结核分支杆菌而引起的人畜共患传染病，临床上以内脏器官干酪样坏死结节或钙化灶为特征。该病一般呈地方流行，没有季节性，一年四季都可发生。狐狸发病多见于夏秋两季。

病因：幼龄狐狸对牛型和禽型结核杆菌最为易感。绿眼浅褐色、白色狐狸和纯阿留申基因型的狐狸比较易感。狐狸采食污染结核菌的肉类饲料和乳品可感染该病。健康狐狸接触患病狐狸的痰液、粪尿、乳汁和分泌物而感染该病。该病主要通过呼吸道和消化道传染，其他途径如：外伤，子宫内也可感染。狐狸吞食了未经无害化处理的、患结核病的牛、羊肉和内脏等副产品，易感染该病。饲养狐狸的笼子比较小，密集饲养，粪便堆积不及时清除，卫生条件不好，饲料质量比较低劣，不全价等更可诱发该病。

症状：狐狸结核病的潜伏期为 1～2 周，病程一般为 40～70 天。病狐狸被毛无光泽，局部被毛黏结，创面污秽不洁。病狐狸不愿活动，呼吸频数，进行性消瘦，食欲减退，易疲乏嗜睡，鼻镜湿润程度变化无常。当侵害肺部时，表现为干咳，严重者出现呼吸困难。有的病狐狸鼻、眼有浆液性分泌物，咽后淋巴结受侵害时肿大，易滑动，如榛子大，触之常有波动感，破溃后流出黏稠液体。病狐狸打喷嚏和擤鼻，有的出现化脓性鼻漏。因此鼻镜上形成淡黄色的痂皮。

病理剖检变化：病狐狸尸僵完整、消瘦，可视黏膜苍白。颌下及耳周围淋巴结增大，有时破溃流脓。狐狸多见颈浅淋巴结和肠系膜淋巴结脓肿。本菌侵害气管和支气管时，形成空洞。胸腔积有渗出液，纵膈淋巴结肿大，切面干酪样。在肺表面或组织深处，有肉眼可见的豌豆大或黄豆大的散在的钙化或没钙化的结核结节。切之有浓稠凝块和灰黄色脓样物。在腹壁浆膜上常见有结核结节。肾包膜下见有粟粒大或高粱米粒大至黄豆粒大灰黄色结节。慢性病例肾萎缩，结节位于深层。在肾盂附近，结核病灶破溃，其内容物进入肾盂内。肠管黏膜上偶有散在如扁豆粒大的溃疡，呈灰白色。大网膜上，也偶见散在干酪样结节。在子宫腔内或子宫角内，常发现圆形结核病灶，带有脓样内容物。卵巢内发现有干酪样坏死灶。

诊断：根据结核分枝杆菌的流行病学特点，病狐狸的临床症状和病理剖检变化可作出初步诊断，进一步确诊需进行细菌学检查。

取器官病变病变部位压片或细菌培养物涂片，用姜尔－纳尔逊氏抗酸染色结核分枝杆菌被染成抗酸性红色，即可确诊。

可将病料（内脏器官）制成乳剂、接种于豚鼠、家兔和鸡，做动物试验，根据上述动物的易感性，可以确定结核菌型。

用结核菌素做变态反应，为狐狸结核病的生前诊断。可在狐狸眼睑部注射 0.1 毫升牛型结核菌素，经 48～72 小时，发现流泪和眼睑肿胀，为阳性反应。此时，眼半闭合或完全闭合，眼睑肿胀不明显，为可疑反应，阴性缺乏上述反应。

在狐狸耳内侧皮下接种牛型结核菌素，作为狐狸结核病的生前诊断。接种剂量为 0.1～0.5 毫升，接种 24、48、72 和96 小时观察。阳性反应接种耳部皮肤明显肿胀充血，有时坏死。轻度肿胀为可疑，阴性无上述变化。阴性和可疑者，于72 小时后在同一部位用同样剂量再接种一次，接种后 24 小时按上述标准判定。应该指出，疾病的后期处于衰竭状态的动物，对结核菌素反应弱或无反应。

治疗与预防：可应用抗结核药物—异烟肼（INH）、链霉素（SM）、利福平（RFP）等进行治疗。一般狐狸没有治疗价值，结合冬季取皮淘汰。发现病狐狸和可疑病狐狸应尽快隔离饲养，维持到取皮期，进行淘汰取皮。加强兽医卫生防疫制度，杜绝可能带入结核菌的各种途径。

十三、狐狸布氏杆菌病

狐狸布氏杆菌病是指狐狸感染布氏杆菌而引起的人畜共患传染病，临床上以流产，关节变形和睾丸炎为特征。该病呈散发流行，成年狐狸感染率较高，幼龄狐狸发病率较低。

病因：狐狸对布氏杆菌较易感。狐狸采食布氏杆菌污染的饲料而感染。生喂牛、羊内脏、下脚料及乳制品等可引起本菌感染。健康狐狸接触流产母狐狸排出的恶露分泌物和胎儿也可感染该病。布氏杆菌病除经消化道和接触传染外，通过病狐狸的精液也可以传染。

症状：母狐狸主要表现为流产，体温升高。产弱仔，食欲下降，个别的出现化脓性结膜炎，母狐狸空怀率高，公狐狸配种能力下降等。

病理剖检变化：妊娠中后期死亡的母狐狸，子宫内膜有炎症，或有糜烂的胎儿，外阴部有恶露附着，淋巴结和脾脏肿大，其他器官充血淤血，公狐狸表现睾丸炎。

诊断：根据布氏杆菌的流行病学特点，病狐狸的临床症状和病理解剖变化可初步确诊，但是，应与副伤寒和阿留申病进行鉴别诊断。进一步确诊需进行细菌学和血清学检查。

常用虎红平板实验来诊断该病：用清洁的玻璃板以玻璃铅笔画4平方厘米的方格若干，并使血清及抗原的温度都提高到与室温（20度）相同，用0.1毫升的吸管每格加1份被检血清0.03毫升，（每一份被检血清使用1支吸管），再加等量的虎红抗原，然后每格用一根火柴棒混合，同时做阳性及阴性对照，混合后 4~8 分钟观察反应结果。判定标准：凡出现任何程度的凝集均为阳性，完全不凝集为阴性。

狐狸布氏杆菌病与副伤寒鉴别诊断：副伤寒的病原体常出现在血液和脏器中，同时副伤寒固有病理变化比较明显。狐狸布氏杆菌病没有此种症状。

狐狸布氏杆菌病与阿留申病鉴别诊断：阿留申病血清对流免疫电泳阳性，病理组织学检查，阿留申典型的浆细胞增多，而布氏杆菌病没有这种变化。

治疗与预防：布氏杆菌是细胞内寄生菌，目前还没有成功的治疗方法。对病狐狸可应用抗生素类药物进行治疗，如没有治疗价值，隔离饲养到取皮期，淘汰打皮。二甲胺四环素，12.5毫克/千克体重，口服，2次/天，14~21天，然后停用3周。盐酸四环素，10毫克/千克至20毫克/千克体重，口服，3次/天，持续3周，然后停用3周。恩诺沙星，10毫克/千克至15毫克/千克体重，口服，2次/天，持续3周，然后停用3周。

加强肉类饲料的管理，对可疑的肉类及下脚料（牛、羊）要高温处理后方可饲喂。特别是用羔羊一类的肉类产品作饲料时一定要注意人兽的安全。布氏杆菌病威胁的养狐狸场可以用猪型2号菌苗（供牛、羊、猪使用）预防接种，具体接种请参考疫苗说明书。

十四、狐狸伪结核病

狐狸伪结核菌病是指狐狸感染伪结核杆菌而引起的慢性

消耗性传染病。临床上以肠道、淋巴结和内脏器官出现干酪样坏死结节为特征。该病常散发，没有明显的季节性。

病因：幼龄狐狸对伪结核杆菌较易感。健康狐狸接触伪结核杆菌污染的饲料和饮水而感染该病。健康狐狸接触患病狐狸的粪便、尿液和分泌物也可感染该病。狐狸采食患伪结核菌病家畜的肉和副产品同样也会引起该病。饲养场管理不善、狐狸舍卫生条件差、饲料中营养不全或缺乏维生素、感冒、患寄生虫病时，会使动物体抵抗力降低，促进该病的传播。

症状：狐狸感染该病时，被毛蓬乱、无光，不愿活动，迅速消瘦，食欲减退或废绝，很快死亡。有的无前驱症状，突然死亡。成年狐狸多为慢性经过，食欲不振，消瘦、拉稀，出现黄疸症状。

病理剖检变化：肺部有不同程度的出血，部分肺小叶发生气肿。肝、脾、肾、淋巴结等器官存在肉眼可见的粟粒状结节，小肠、盲肠黏膜有大量粟粒大乃至豌豆大的淡黄色结节，病程长者更为明显和严重。肠系膜淋巴结及鼠蹊部淋巴结肿大，切面有白色坏死灶。

诊断：根据伪结核杆菌的流行病学特点，病狐狸的临床症状和病理剖检变化可作出初步诊断，进一步确诊需进行实验室检查。

取肠系膜淋巴结或病灶脓汁涂片染色，镜检为革兰氏染色阴性，多形性小杆菌，并且抗酸染色阴性，则可初步确诊为该病。进一步确诊需要将病料接种小白鼠或豚鼠，再从死亡的动物体内取脏器病料，分离培养，根据菌体特征，生化反应及血清学反应进行菌株抗原型鉴定。本菌经甲基红试验呈阳性，VP 反应试验阴性。可还原美蓝，石蕊牛乳变碱性，不液化明胶。根据这些变化也可确诊该病。

治疗与预防：对病狐狸采用链霉素、氯霉素、四环素等抗生素类药物进行治疗。隔离病狐狸，妥善处理污染物，加强卫生和消毒，防止狐狸出现外伤和咬伤。维持到取皮期，淘汰取皮。

十五、狐狸链球菌病

狐狸链球菌病是指狐狸感染链球菌引起的败血型传染病。临床上以各种化脓性感染和败血症为特征。无明显的季节性，多散发。

病因：5~6 周龄狐狸易感。健康狐狸接触链球菌污染的饲料和饮水而发病。健康狐狸采食感染链球菌的肉类饲料、病畜肉，下脚料和接触患病动物可感染该病。该病一般经消化道，呼吸道及各种外伤而感染。

症状：最急性病例见不到任何症状而突然死亡。病程短的仅为半小时至 2 小时。急性病例的病狐狸突然拒食，精神沉郁，不愿活动，步态蹒跚，呼吸急促而浅表，有流鼻液，眼内有脓性分泌物，后期出现共济失调，肌肉麻痹，尿失禁，拉血便，一般出现症状后，24 小时内死亡。亚急性的病狐狸病程在 1 天以上，经治疗多能痊愈。

病理剖检变化：最急性和急性经过的狐狸营养状态良好，体表、胸腹部及四肢内侧皮肤呈蓝紫色，血凝不良呈煤焦油状。脑膜血管充血，食道黏膜充血，心肌柔软，呈暗红色，内有血凝块，肺充血水肿，有的呈点状或弥漫性出血斑。肝脏肿大，质地脆弱，表面呈弥漫性黄褐色，切面呈红黄色；脾脏肿大3～5倍，呈紫红色，有小米粒大的灰白色化脓灶；肾充血肿大，色泽呈灰褐色，有针尖大小出血点；胃黏膜呈卡他性炎症，肠内有黑褐色血样物质，肠系膜淋巴结肿胀，有针尖大小的出血点。妊娠母狐狸子宫弥漫性充血、出血、胎儿水肿、全身淤血，均为死胎。幼狐狸可见膀胱黏膜有出血性化脓性炎症。

诊断：根据链球菌的流行病学特点，病狐狸的临床症状和病理剖检变化可初步诊断，进一步确诊需进行细菌学检查。

直接涂片镜检：用病死狐狸的肝、脾及淋巴结直接涂片，革兰氏染色镜检，可见有单个、成对排列或呈链状排列的革兰氏阳性球菌。

细菌培养：用病死狐狸肝、脾、淋巴结分别接种于普通营养琼脂和绵羊血琼脂平板，于37℃培养24小时，绵羊血琼脂平板上见有细小、半透明、光滑明亮、圆形、边缘整齐，有溶血环呈露珠状的菌落。而在普通琼脂上细菌不生长。将培养物涂片，革兰氏染色镜检，可见到大量的多以5～8个长链状排列的革兰氏阳性球菌。

治疗与预防：青霉素、磺胺类药物对治疗该病有良好的效果。每只病狐狸每次肌肉注射10万～20万单位青霉素，一日三次，或用0.05毫升/千克的拜有利注射液每日肌肉注射一次。为促进食欲，每天注射复合维生素B注射液或维生素B_1注射液0.5～1.0毫升。

大群狐狸治疗可以采取预防性投药，在饲料中加入预防量的土霉素粉、氟哌酸之类的药物和增效磺胺。及时隔离病狐狸，对笼舍、食具进行消毒，消除小室内垫草，并烧毁或进行生物热发酵。加强对饲料的管理，防蝇、防鼠，对来源不清或污染的饲料要经高温处理（煮沸）再喂动物。有化脓性病变的动物内脏或肉类应废弃。不用来自污染地区的垫草。有芒或有硬刺的垫草也最好不用，以免发生刺伤，增加感染机会。

十六、仔狐狸脓疱病

仔狐狸脓疱病是指幼龄狐狸感染黏膜双球菌，化脓性链球菌，金黄色葡萄球菌等细菌而引起的皮肤传染病。临床上以出现脓疱为特征。4日龄以上的狐狸一般能痊愈，1~2日龄的仔狐狸病死率高，如不治疗100%死亡。

病因：2~5日龄的哺乳狐狸对该病易感，彩色幼龄狐狸更易感，特别是蓝宝石狐狸多发。哺乳母狐狸患有化脓性扁桃体炎而带有葡萄球菌和化脓性链球菌，通过拖拽和梳饰，将病原菌直接传播给仔狐狸而感染该病。

症状：仔狐狸患病后，精神萎靡不振，不吮乳，蜷缩呆立一旁并发出尖叫声。体温升高，营养不良，生长停滞，很快消瘦，全身肌肉震颤。母狐狸经常叼咬和舐的幼龄狐狸皮肤部位上出现小米粒大、突出的圆形小脓疱，逐渐融合变大，发生破溃，流出黄绿色的脓汁，干涸后形成痂。有的严重时患部出现红色炎性反应带或呈暗紫色坏死灶。

诊断：根据致病菌的流行病学资料，病狐狸的临床症状可作出初步诊断，为准确起见可以进行细菌学检查。发现有双球菌、链球菌和葡萄球菌即可确诊。

治疗与预防：用针头刺破脓疱排出脓汁，用双氧水或高锰酸钾水0.1%清洗创腔，再涂以5%水杨酸酒精溶液（70%酒精）拭净，涂布少许青霉素粉，送回原窝或代养。用金霉素或土霉素5万单位、复合维生素B（注射用）1毫升、5%葡萄糖溶液20毫升，混合后给仔狐狸经口滴入，每天3次。还可用青霉素或新霉素500~1000国际单位，在炎症病灶皮下分点注射。在治疗仔狐狸的同时，必须对母狐狸用同样的药进行治疗，方能获得满意的效果。

预防该病要注意哺乳母狐狸的健康状况，发现狐狸口腔、扁桃体出现化脓性炎症必须及时治疗，并禁止其叼咬仔狐狸。要及时治疗患有化脓创和脓肿的仔狐狸，并进行淘汰，不能留作种用。加强对产箱内卫生的管理，垫草不要太硬和带芒刺。

十七、狐狸加德纳氏菌病

狐狸加德纳氏菌病是指加德纳氏菌引起的人畜共患病。临床上以狐空怀和流产为特征。该病一年四季均可发生，但于配种期狐群感染率明显增高，不同品种、不同性别和不同年龄的狐均可感染。

病因：病狐为主要的传染源，感染狐狸加德纳氏菌病的狐是该病的主要传染源，主要由交配传播，生殖器与外伤是主要感染途径，银黑狐、北极狐、彩狐、赤狐、貉及水貂均易感染。

症状：该病导致狐的阴道炎、尿道炎、子宫颈炎、子宫内膜炎和公狐的睾丸炎、前列腺炎、包皮炎、死精及精子畸型等。临床特征是：妊娠狐的空怀与流产，公狐的性欲降低，性功能减退。表明 GVF 致病的靶器官是狐的泌尿生殖系统。

诊断：引起狐繁殖失败的因素较多，传染性因素有狐阴道加德纳氏菌、绿脓杆菌、沙门氏菌、布氏杆菌等，这几种病的流行特点和临床症状有着很大的区别。非传染性因素有：妊娠期饲料变质、饲料突变、饲料单一、营养不全、饲料蛋白质的质量分数偏低及管理方面的因素如惊扰、强行捕捉等。

均质乳状的阴道分泌物。阴道 pH 值 >5 阴道分泌物胺试验阳性。阴道分泌物涂片镜检发现有线索细胞（Clue 细胞）。如果符合上述任何 3 项即可诊断为阴道加德纳氏菌性阴道炎。其中阴道分泌物涂片镜检发现有线索细胞（Clue 细胞），诊断价值较大，

治疗与预防：国内目前选用免疫原性优良的血清 I 型阴道加德纳氏菌 F44 号菌株，研究出氢氧化胶苗的安全性优，免疫种狐后无任何不良反应，对 I 型的保护率达 92%，对 II、III 型的保护率达 80% 以上，免疫持续期为 6 个月，有效地控制了狐、貉和水貂的空怀和流产。

第四节　狐狸常见病毒性传染病及其防治关键技术

一、狐狸犬瘟热

狐狸犬瘟热是指狐狸感染犬瘟热病毒引起急性的高度接触性传染病，临床上以神经损伤和下痢为其主要特征，一年四季都可发生。

病因：在发生犬瘟热的狐狸饲养场，幼狐狸和育成狐狸接触患犬瘟热的病狐狸的眼、鼻分泌物、唾液、黏膜、阴道分泌物、尿、粪便污染的工具和垫草以及其他物品而被感染。也可通过飞沫、空气，经呼吸传染。

症状：狐狸犬瘟热由于传染源的动物种属不同，其传染速度亦不一样。狐源性传染需经过2~4个月，待毒力逐渐增强后才能造成广泛传播。根据临床表现和经过，狐狸瘟热可分为四个类型。

最急性型：也叫神经型，流行病的初期和后期多为最急性型，主要损伤神经系统，不表现前驱症状而突然发病，呈现癫痫性发作，口咬笼网发出刺耳的吱吱叫声，抽搐等神经症状，口吐白沫，反复发作最终死亡。此型犬瘟热，由此引起的脑部病变不能恢复，最终导致死亡。

急性型：病狐狸不愿活动，喜卧于小室内（产箱）。病狐狸被毛杂乱，无光泽，毛丛中有谷糠样皮屑，颈部或腹内侧鼠蹊部皮肤有黄褐色分泌物或皮疹，散发出一种特殊的腥臭味。食欲减退或拒食、鼻镜干燥，眼部出现浆液性、黏液性乃至化脓性眼眵，附着在内眼角或整个眼裂周围，重者将眼睛糊上。口裂和鼻部皮肤增厚，黏着糠麸样或豆腐渣样的干燥物。病初似感冒样，眼有泪、鼻有水样鼻液，体温高达40～41℃，触诊脚掌皮肤温热，肛门或母狐狸外生殖器似发情样微肿。消化紊乱，下痢初期排出蛋清样粪便，后期粪便呈黄褐色或黑色煤焦油样。病程平均 3～10 天或更多一点，多数转归死亡，很少幸免。

慢性型，一般病程为 2～4 周，病狐狸呈现急性经过的症状，眼、耳、口、鼻、脚爪等部位及颈部皮肤病变也比较明显。病狐狸食欲减退，时好时坏，挑食，不活动，多卧于小室内。眼边干燥，似带眼镜圈样，或上下眼睑被眼眵黏着在一起，看不到眼球，时而睁开，时而又粘在一起，这样反复交替出现，有的病狐狸反复 1～2 次后死亡。有的患病狐狸耳边皮肤干燥无毛，鼻镜和上下唇、口角边缘皮肤有干痂物。病初爪趾间皮肤潮红，而后出现微小的湿疹，皮肤增厚肿胀，变硬，有的病狐狸肛门或外阴肿胀。

隐性感染：病狐狸仅有轻微一过性的反应，类似感冒，多看不到明显的异常表现，就耐过自愈，并获得较强的免疫力。

病理剖检变化：患病狐狸眼观没有特征性变化，被毛污秽不洁，被毛丛中有谷糠样皮屑，皮肤增厚，皮肤上有小的湿疹，足掌肿大，尸体有特殊的腥臭味。眼、鼻、口肿胀，肛门、会阴部皮肤微肿，有少量黏液状或煤焦油样稀便附着。脑血管充盈，水肿或无变化。气管黏膜有少量黏液，有的肺有小的出血点。心扩张，心肌弛缓，心外膜下有出血点。脾一般不肿，继发感染可造成其肿大，慢性型病例脾萎缩。肝呈暗樱桃红色，充血、淤血，切之有多量凝固不全的血液流出，肝质脆，色黄，胆囊比较充盈，肾被膜下有小出血点，切面三界不清即混浊。胃肠黏膜呈卡他性炎症，胃内有少量暗红褐色黏稠内容物，慢性型病狐狸胃黏膜有边缘不整，新旧不等的溃疡灶。直肠黏膜多数带状充血、出血，肠系膜淋巴结及肠淋巴滤泡肿胀。膀胱黏膜充血，常有点状或条纹状出血。

诊断：根据犬瘟热病毒的流行病学特点，病狐狸的临床症状和病理剖检变化可作出初步诊断，进一步确诊需进行包涵体检查、血清学检查和动物试验，（中和试验、酶标 SPA 染色）。

包涵体检查：犬瘟热病毒在所有易感动物器官的上皮组织，网状内皮系统，大小神经胶质细胞，中枢神经系统的神经细胞和脑室细胞、膀胱、胆囊、胆管、肾和肾盂上皮细胞内，都有嗜酸性包涵体形成，狐狸检出率可达90%。

检查膀胱黏膜上皮包涵体方法很简单：取清洁脱脂载玻片，滴加一滴生理盐水。用外科圆刃刀刮取膀胱黏膜上皮少许，涂以载玻片上与生理盐水1：1混合涂片。自然干燥，或甲醇固定三分钟，再进行染色。

苏木素伊红染色法在油镜下检查，细胞核染成淡蓝紫色，细胞浆染成玫瑰红色，而包涵体染成均质红色，包涵体具有清晰的边界，一般呈圆形或椭圆形，包涵体在胞浆内，也有靠近核边缘呈镰刀形，1个细胞内可见到 1～10 个多形包涵体。美蓝、碱性复红染色法油镜下检查。如染色无误，在镜下就能看到上皮细胞核染成蓝色至紫色；细胞浆染成淡紫丁香花色；包涵体染成鲜红色或深红色，分布于细胞浆内。包涵体大小，从微细颗粒至细胞核大，形状不一致，圆形、椭圆形和多边形，有整齐的边缘。

血清学检查：利用已知抗原（犬瘟热病毒）或抗体，检查未知的抗体（被检动物血清）。一般病狐狸感染后 6~7 天血清中出现中和抗体，30~40 天达到最高峰。利用中和试验进行检测。

动物试验：选易感断乳 15 天后的幼龄动物（狗、貉、艾鼬、狐狸）。接种材料应选用具有典型犬瘟热症状的，处于濒死期或刚死亡尸体。以无菌操作采集脑、肝、脾、淋巴结等组织块，用灭菌的生理盐水研磨制成 10 倍乳剂。离心，取上清液，试验动物皮下或肌肉各注射 3~5 毫升。接种后试验动物要放在专门的隔离室（舍）内，进行观察。一般在接种后 4~10 天或更长一点时间，出现食欲减退，体温升高，结膜炎、卡他性下痢等犬瘟热症状。

鉴别诊断：与犬瘟热病相类似的狐狸的疾病有狂犬病，细小病毒性肠炎、维生素 B 族缺乏等进行鉴别。

狂犬病：有神经症状，攻击人畜，喉头、嚼肌麻痹，在海马角中能检出尼氏小体，但没有皮疹、结膜炎和下痢。

传染性细小病毒肠炎：临床表现有两个型，即肠炎型和心肌型。狐狸犬瘟热不具备这两个型，下痢的排出物中没有管套现象，而肠炎有典型管套状稀便，肠黏膜除表现出血外，浆膜下也有充血出血，心肌型的主要变化为水肿，左心室肌肉变化明显。病理组织学检查心肌纤维单核细胞浸润，间质纤维化。利用血凝和血凝抑制试验作特异诊断。

维生素 B 族缺乏：病狐狸嗜睡，不愿活动，有时出现肌肉不自主的痉挛、抽风，但没有眼、口、鼻的变化，没有怪味，不发烧，用维生素 B 治疗有效，大群投给维生素 B，病狐狸食欲很快好转，恢复正常。狐狸瘟热呈双峰热，维生素 B 缺乏不发烧。

治疗与预防：无特异性疗法，用抗生素治疗无效，只能控制继发感染。可用磺胺类药物，抗生素和拜有利等药物控制由于细菌引起的并发症，延缓病程，促进痊愈。眼、鼻可用青霉素水、氯霉素等眼药水，点眼和滴鼻。出现胃肠炎时，可将土霉素混入饲料中饲喂狐狸，每天早晚各一次，每只剂量为 0.03 克。发生肺炎时，可用青霉素、链霉素和拜有利控制，狐狸每天注射 15 万～20 万单位，也可用拜有利注射液，每千克体重注射 0.05 毫升。

早发现，早隔离，尽快紧急接种犬瘟热疫苗。禁止病狗和带毒动物进入狐狸场，严禁从疫区或发病狐狸场引进种狐狸。狐狸场工作人员要配备工作服，不准穿回家或带出场外。引进种狐狸时一定要先打疫苗，观察 15 天后可运回，进场回运要隔离观察 7～15 天，才能混入大群正常管理。搞好卫生，食盆和食碗要定期消毒，粪便要及时清除，进行生物热发酵。

二、狐狸阿留申病

狐狸阿留申病是指狐狸感染阿留申病毒而引起的慢性、

进行性衰竭、病毒性传染病，临床上以侵害网状内皮系统，浆细胞弥漫增生，产生多量 γ - 球蛋白以及持续性病毒血症为特征。不同年龄和性别的狐狸，均可感染。该病常年发病，但在秋冬季节发病率和病死率大大增加。

病因：健康狐狸接触患病狐狸而感染该病。病狐狸的唾液、粪便、尿及分泌物等排泄到外界环境中，污染饲料和饮水而使健康狐狸感染该病。在笼养条件下，笼舍、饲料、饮水、食盆、食碗，以及饲养员的饲养用具，接种疫苗针头消毒不彻底也可造成该病的传播。

症状：该病潜伏期很长，非经肠接种阿留申病毒的狐狸，其血液出现 γ - 球蛋白增高的时间平均为 21 ~ 30 天；直接接触感染时，平均 60 ~ 90 天，最长达 7 ~ 9 个月，有的持续一年或更长的时间，仍不出现临床症状。

该病临床上分为急性型和慢性型。

急性型经过的病狐狸，可在 2 ~ 3 天内死亡。病狐狸食欲减退或拒食，精神沉郁，逐渐衰竭，死前痉挛。

慢性病例的病狐狸病程延长至数周，精神高度沉郁，被毛无光泽，渐进性消瘦，生长发育缓慢，步履蹒跚。呈现渴欲增加，贫血，可视黏膜苍白，齿龈、上颚常有出血或溃疡。病狐狸肾脏高度受损。神经系统受损，伴有抽搐、痉挛、共济失调、后肢不全麻痹，粪便呈煤焦油样。阿留申病伴有小血管壁增厚，管腔变小，甚至阻塞。小血管遗留 PAS 阳性物质、外膜疏松，周围淋巴 - 浆细胞大量聚集。

病理剖检变化：急性死亡的病狐狸胸腺萎缩，表面有粟粒大的出血点。脾脏有肿大的现象，被膜紧张，折叠困难。

肾脏充血出血，肿大，被膜下有散在出血点或出血斑。慢性病例慢性经过的脾萎缩，边缘锐，呈红褐色或红棕色，切面白髓明显（脾小梁）。淋巴结肿大，其中，以纵膈淋巴，胰淋巴，盆腔淋巴肿大明显，呈髓样肿胀。肾脏呈淡褐色，灰色或淡黄白色。肾表面出现黄白色小病灶，凸凹不平，呈天花板样。被膜多易剥离，切面初期外翻，有少量血液流出。后期切面内收或平齐，色淡，发生变性肾炎。肝初期肿大，色暗褐，后期色淡，不肿，呈黄褐色或土黄色。

诊断：根据阿留申病毒的流行病学特点，病狐狸的临床症状和病理剖检变化可作出初步诊断，进一步确诊需进行实验室检查。

血液：病狐狸血液学变化最明显的是血清 γ – 球蛋白增高。

抗体：对流免疫电泳法可检测出狐狸感染阿留申病后的沉淀抗体。

病狐狸血氮、血清总氮，麝香草酚兰浊度、谷丙转氨酶、谷草转氨酶及淀粉酶均显著增高而血清钙、白蛋白和球蛋白之比（A/C）降低。病狐狸白细胞增加，淋巴球增高，颗粒白细胞减少。

在显微镜下能看到，脾、肾、肝、淋巴结、卵巢、睾丸和骨髓浆细胞增多及动脉炎。在浆细胞中，发现许多 Russe 小体，呈圆形。

治疗与预防：阿留申病还没有特异的治疗和预防方法。因此，为控制和消灭该病，必须采取综合性的防治措施。

加强饲养管理：建立健全狐狸场的卫生防疫制度。建立定期的检疫制度，每年在仔狐狸分窝以后，利用对流免疫电泳法逐头采血检疫，阳性狐狸集中管理，到取皮期杀掉，不能留做种用。这样就能防止阿留申病扩散，减少阳性狐狸的发生。

三、狐狸细小病毒性肠炎

狐狸病毒性肠炎是指狐狸感染细小病毒而引起的急性、接触性传染病，临床上以管套状稀便为主要特征。该病常呈暴发性流行，幼龄狐狸有较高的发病率和病死率。该病是目前感染范围较广，在自然条件下，不同品种和不同年龄的狐狸都可感染。该病发生没有明显的季节性，但多发生于夏秋季节。多呈地方性暴发流行，开始传播的比较慢，经过一段时间的传染，毒力增强转为快速传染，特别是仔狐狸分窝以后，大批发病，死亡。

病因：健康狐狸接触病狐狸和带毒动物而感染。康复的狐狸可常年排毒，患病狐狸的所有分泌物及排泄物内均含病毒，可污染狐狸的饲料和饮水，而引起健康狐狸感染发病。病毒可以随野鸟从污染狐狸场带到非发病场。此外，蝇类、禽类、鼠类，以及饲养人员的手套和使用的工具都是传播此病的媒介。发病狐狸场如不采取有效的防治措施，会在翌年仔狐狸分窝前后的幼狐狸群再次发病，大批死亡。

症状：临床上分为最急性型、急性型和慢性型 3 种。

最急性型病例：发病前后没有典型的临床症状，食欲废绝后 12 ~ 24 小时内转归死亡。

急性病例：患病狐狸高烧，体温高达 41℃ 以上，精神沉郁，饮欲增强，食欲减退或拒食，呕吐、拉稀、排出混有血液、黏液样、灰白色或粉红色的蛋清样稀便，一般在病的后期，排出典型的黄褐乳白色或粉红色混有血液样管状脱落的肠黏膜，管形稀便，所谓套管样便。病程 7～14 天，转归死亡。

慢性病例：病狐狸耸肩弯背，被毛蓬乱，无光泽，喜卧于小室内，排便频繁，里急后重，粪便液状，常混有血液，呈粉红色或灰白色，有的排出褐红色陈样管型便。由于下痢脱水，自身中毒，病狐狸表现极度虚弱、消瘦、常常四肢伸展卧于笼内。用显微镜检查粪便有大量没消化的纤维素，白细胞和脱落的黏膜上皮细胞和血液。白细胞减少，嗜中性白细胞相对增多，淋巴细胞则相对减少。一般经 1～2 周后转归死亡，个别的慢性病狐狸也有耐过，自然治愈，长期带毒，生长发育迟缓。

病理剖检变化：最急性型死亡的病狐狸，营养良好，慢性经过死亡的病狐狸消瘦，被毛粗糙无光泽，肛门周围附有少量黏液状粪便。皮下无脂肪，较干燥。

急性病例肝肿大，质脆呈土黄色，胆囊充盈。肾一般无明显变化。胃空虚，有少量黏液和胆汁色素，黏膜特别是幽门充血，有的有溃疡灶。一般肠管空虚，肠壁菲薄，肠道呈鲜红色，黏膜充血出血，肠内有少量混有血液和未消化的食糜，呈急性卡他性出血肠炎变化。肠管内容物呈黄绿色水样，肠壁有纤维素样坏死灶。肠系膜淋巴结肿大，充血出血、水肿。

诊断：根据细小病毒的流行病学特点，病狐狸的临床症状和病理剖检变化可作出初步诊断，进一步确诊需进行实验室检查。

直接电镜观察：取病死狐狸心肌坏死区标本做超薄切片，电镜检查心肌细胞核内的包涵体，可见大量的 CPV 颗粒，其直径约为 20～22 微米。在肠内容物提取液中，电镜检查见有较多成堆的直径在 15～20 微米的实心和空心的圆球形的细小病毒粒子。取发病 2～5 天的病犬粪样，经离心取上清液，加磷钨酸负染后进行电镜观察，可见大量直径约为 20 微米的圆形和六边形病毒粒子。

病毒分离技术：常用幼猫肾、犬胎肾等原代细胞作病毒分离和传代培养。近年常用 MDCK、F_{81} 等传代细胞分离培养病毒。在细胞分种的同时，接入已处理的含毒样品，于 37℃下静置培养，次日换液，继续培养 3～4 天，收取上清液，再作细胞传代培养。如此传至第 3 代，再用猪红细胞测定各代培养物的血凝（HA）效价。最简单的病毒鉴定方法是应用免疫荧光抗体着染培养 3～5 天的细胞单层。应用抗 CPV 血清对已经呈现血凝性的培养物作血凝抑制试验，也是鉴定病毒的有效方法。

治疗与预防：当前对病毒性传染病没有特效治疗方法，只能是在发病的早期，防止细菌继发感染，使用抗生素，而降低病死率。免疫血清有较好的治疗效果，但价格比较高，使用的不普遍。最好的办法就是及时发现并正确诊断，采取紧急接种，能起到一定的预防和治疗作用。疫苗预防接种时期一般应在仔狐狸断乳 7～15 天后（即 6 月末 7 月初）进行。

发病狐狸场立即进行紧急疫苗接种。在引进前（种狐狸售出场）30天进行疫苗接种，尤其是由未发过病的狐狸场引进种狐狸必须这样做，方可混群饲养。

严禁猫、狗和禽类入狐狸场，引进种狐狸，入场后应隔离15~30天。当狐狸场有病毒性疾病流行时，应停止一切混群行动。病狐狸隔离饲养，隔离饲养的病狐狸应由专人管理，不得乱混群，对死亡的尸体及污染物等，一律烧掉或深埋。对污染的用具及器皿，要高温消毒（蒸、煮）。病愈后的狐狸，一律留在隔离场（棚舍），一直到取皮期淘汰取皮。发病场的狐狸皮，应在室温30~35℃相对湿度40%~60%条件下处理48小时。刚发过病（一年以内）的狐狸场，严禁输出种狐狸，狐狸笼要用火焰消毒，产箱（小室）用2%福尔马林或苛性钠溶液消毒，地面用5%工业用苛性钠溶液或10%生石灰乳消毒。粪便堆集在距狐狸场较远一点地方进行生物热发酵处理。

四、狐狸冠状病毒性肠炎

狐狸冠状病毒性肠炎（狐狸流行性腹泻）是指狐狸感染冠状病毒而引起的病毒性传染病，临床上以流行性腹泻为特征。该病春秋季多发，发病率高，病死率较低，成年狐狸和育成狐狸均可感染发病。该病的发生与狐狸品种密切相关，北美狐狸及其杂种后代易感，我国原有品种狐狸易感性差。

病因：健康狐狸接触患病狐狸和带毒动物而感染发病。病毒主要存在于感染动物的胃肠内，并随粪便排出体外，污染饲料和饮水，而使健康狐狸感染该病。病毒可以随饲养人员的手套和使用的工具等传播此病。

症状：病狐狸常表现精神沉郁、食欲不振，两眼无神，鼻镜干燥，被毛无光泽，消瘦，一般体温不高。饮水量增加，呕吐、拉稀，排出灰白色、绿色乃至粉黄色黏液状稀便，有的排出黑红色卡他样稀便，没有明显的管套样稀便，腹泻严重的病狐狸，饮水补液跟不上，脱水自身中毒而死。

病理剖检变化：病死狐狸尸体消瘦，口腔黏膜、眼结膜苍白，肛门及会阴部被稀便污染，胃肠道黏膜充血出血，胃肠内有少量灰白色或暗紫色的黏稠物，肠内有血，肠系膜淋巴结肿大，肝脏肿大，轻度黄染；脾肿大不明显；肾脏质脆，呈土黄色。

诊断：根据病兽的临床症状、流行特点和发病季节以及接种了水貂病毒性肠炎疫苗还发病，检菌为阴性，可以初步确诊为冠状病毒病。最终确诊还要做细菌学和血清学检验。细菌学分离培养无菌，细小病毒性肠炎血清学检验为阴性，貂群接种了水貂肠炎疫苗还发病，可以确诊为冠状病毒性肠炎。

细小病毒性肠炎和冠状病毒性肠炎鉴别诊断：细小病毒性肠炎：狐狸拉稀，但稀便中多数都有脱落的肠黏膜，排出呈粉红色或黄粉色，即所谓管套状稀便，冠状病毒性肠炎无此现象。细小病毒性肠炎发病率高，但病死率也高。可冠状病毒肠炎发病率高，但病死率低。细小病毒肠炎应用细小病毒肠炎疫苗预防接种或应急接种能将疫情控制住。而冠状病毒肠炎用狐狸肠炎（细小病毒）苗控制不住病的流行。

治疗与预防：目前尚无特效疗法，只能采取强心、补液、防止继发感染的治疗方法。给病狐狸皮下或腹腔注射 5% ~ 10% 葡萄糖注射液 10~15 毫升，皮下分多点注射；也可让病狐狸自饮葡萄糖甘氨酸溶液。同时用琥珀氯霉素（人用）0.5~1.0 毫升，肌肉注射；或用速灭沙星注射液，0.2 毫升/千克至 0.4 毫升/千克体重，肌肉注射，可缓解症状，防止继发感染。采用典型病死狐狸的心、肝、脾、肾、淋巴结等做同源组织灭活液，作紧急接种或预防接种。

要加强饲养管理，提高狐狸群的抗病能力。搞好场内卫生消毒工作，定期每周用派德斯百毒杀或 0.1% 的过氧乙酸溶液喷洒消毒一次。病狐狸笼要用火焰消毒，保证饲料和饮水的卫生，防止野犬和猫进入。

五、狐狸轮状病毒性肠炎

轮状病毒性肠炎是指狐狸感染轮状病毒而引起的人兽共患的病毒性传染病，临床上以腹泻为特征。该病的发生无明显季节性，全年均可发生，但有明显的流行高峰。我国东北以 10~11 月，其他地区以 10~12 月多发。轮状病毒感染通常以突然发生和迅速传播的方式在狐狸群中广泛流行，常呈地方流行性。

病因：狐狸接触病狐狸和带毒动物而感染该病。病毒主要存在于肠道内，随粪便排出体外。病愈动物至少在 3 周内仍持续随粪便排毒，污染环境、垫草、饲料和饮水而使健康狐狸感染发病。饲养人员的用具和笼子消毒不严格也可造成该病的传播。

症状：幼龄狐狸易发病，精神沉郁，食欲减退、剩食，行动缓慢，常于食后呕吐，继而发生腹泻，粪便有时带血或黏膜，多为红褐色或黄绿色，呈水样或糊状。多数病狐狸呈亚临床表现，病程比较长，病死率比其他传染性肠炎低。

诊断：根据轮状病毒的流行病学特点，病狐狸的临床症状和病理剖检变化可作出初步诊断。进一步确诊需进行电镜法，免疫电镜法或血清学检查。

治疗与预防：该病无特异性疗法，只能是对症疗法和加强饲养管理。发现病狐狸，立即隔离。对症治疗，防止脱水，投服收敛止泻剂和制菌剂，防止继发感染。使病狐狸自饮补液盐水葡萄糖甘氨酸溶液（葡萄糖 22.55 克，氯化钠 4.75 克，甘氨酸 3.44 克，枸橼酸钾 0.04 克，无水磷酸钾 2.27 克，溶于 1 000 毫升水中）或葡萄糖盐水。

六、狐狸伪狂犬病

狐狸伪狂犬病又称阿氏病，是指狐狸感染伪狂犬病病毒而引起的急性、病毒性传染病。临床上以中枢神经系统损伤，皮肤瘙痒，胃肠臌气，腹部膨满为特征。发病没有明显的季节性，但以夏、秋季节多见，常呈地方性暴发流行。初期病死率高，当排除污染饲料以后，病势很快停止。

病因：该病主要经消化道感染，皮肤外伤也能感染。狐狸接触病狐狸和带毒动物而感染该病。狐狸采食屠宰厂猪的下脚料而引发该病。狐狸采食伪狂犬病病毒污染的饲料和饮水而感染该病。

症状：狐狸感染伪狂犬病自然感染潜伏期为3～6天。主要表现平衡失调，常仰卧，用前爪摩擦鼻镜、颈和腹部，但无皮肤和皮下组织的损伤。食后一小时，多数狐狸精神萎靡，瞳孔缩小，呼吸迫促、浅表，鼻镜干燥，体温升高（40.5～41.5℃），狂躁不安，冲撞笼网，兴奋与抑制交替出现，病狐狸时而站立，时而躺倒抽搐，转圈，头稍昂起，前肢搔抓脸颊、耳朵及腹部。舌面有咬伤，口腔流出多量血样黏液。有的出现呕吐和腹泻。死前发生喉麻痹，胃肠臌气。有的公狐狸发生阴茎麻痹。眼裂缩小，斜视，下颌不自主的咀嚼或阵挛性收缩，后肢不全麻痹或麻痹，病程1～20小时死亡。

病理剖检变化：患病狐狸身体营养良好，鼻和口角有多量粉红色泡沫状液体，舌露出口外，有咬痕。眼、鼻、口和肛门黏膜发绀。腹部膨满，腹壁紧张，叩之鼓音。血凝不全，呈紫黑色。心扩张，冠状动脉血管充盈，心包内有少量渗出液，心肌呈煮肉样。大脑血管充盈，质软。肺呈暗红色或淡红色，表面凸凹不平，有红色肝样变区和灰色肝样变区交错，切之有多量暗红色凝固不良血样液体流出。气管内有泡沫样黄褐色液体，胸膜有出血点，支气管和纵隔淋巴结充淤血。较为特征性变化是胃肠臌气，腹部膨满。胃肠黏膜常覆以煤焦油样内容物，有溃疡灶。小肠黏膜呈急性卡他性炎症，肿胀充血和覆有少量褐色黏液。肾增大，呈樱桃红色或泥土色，质软，切面多血。脾微肿，呈充血淤血状态，白髓明显，被膜下有出血点。

诊断：根据伪狂犬病病毒的流行病学特点，病狐狸的临床症状和病理剖检变化可作出初步诊断，但是需要与狂犬病，神经型狐狸瘟热，肉毒梭菌中毒和巴士杆菌病进行鉴别诊断。进一步确诊需进行血清学和动物试验。

鉴别诊断：伪狂犬病与狂犬病，伪狂犬病有瘙痒，突然发作、病程短、迅速出现大批死亡，胃肠臌气，不攻击人，不恐水。狂犬病无上述症状，散发，攻击人畜。

神经型狐狸瘟热与伪狂犬病，狐狸瘟热病虽有神经症状，但没有瘙痒和胃肠臌胀，狐狸瘟热有特殊的腥臭味和黏膜的炎症。

狐狸的伪狂犬病与肉毒梭菌中毒，肉毒梭菌中毒主要是由肉毒梭菌毒素引起，群发，主要表现后躯麻痹，丧失活动能力，肌肉高度松弛。病狐狸后肢下垂，瞳孔散大，闪闪发光。伪狂犬病瞳孔缩小，有瘙痒、皮肤有擦伤或撕裂痕。肉毒梭菌中毒则无此变化。病势由后肢向前肢发展最后全身瘫软。

伪狂犬病与巴氏杆菌病，巴氏杆菌病无瘙痒和抓伤，幼龄狐狸多发，细菌学检查能查到巴氏杆菌。伪狂犬病则查不到细菌，因为它是病毒引起的疾病。

治疗与预防：尚无好的特效疗法，只能对症治疗，控制继发感染。发现该病，应立即停喂受伪狂犬病毒污染的肉类饲料，更换新鲜、易消化、适口性强、营养全价的饲料。

加强管理肉类饲料。特别是一定要高温处理屠宰厂猪的下脚料。狐狸场内严防猫、狗窜入，更不允许鸡、鸭、鹅、狗、猪和狐狸混养。狂犬病多发的饲养场和地区，或以猪源为主的肉类饲料的饲养场，可用伪狂犬病疫苗预防接种。

第五节　狐狸常见寄生虫病及其防治关键技术

一、狐狸弓形虫病

是指狐狸感染龚地弓形虫而引起的人、畜共患的寄生虫病，临床上以贫血，呕吐，腹泻和后肢麻痹为特征。该病没有严格的季节性，但以秋冬和早春发病率最高。该病潜伏期7~10天或数月，轻度感染一般不显症状；重度感染的急性病例2~4周死亡；慢性病例可维持数月而长期带虫。

病因：健康狐狸采食含有弓形虫速殖子或包囊的中间宿主的肉和内脏，采食被猫类粪便和患病动物的渗出物、分泌物和乳汁等污染的饲料和饮水而被感染。速殖子可以通过皮肤、黏膜而感染，也可通过胎盘感染胎儿。

症状：病初表现兴奋性增高，极度不安，眼球突出，无目的地奔跑，有的听觉丧失，下颌运动障碍。后期沉郁，完全拒食，鼻端支着笼壁呆立不动，时而搔抓、啃咬笼网，驱赶时作无方向地打圈运动。体温升高至41~42℃，呈稽留热，食欲不振，粪便先干燥、后水样腹泻，严重者发生出血性腹泻，无恶臭。心跳快而弱，可视黏膜苍白或黄染，结膜发炎，流脓性眼屎，视觉障碍，鼻腔流浆液性鼻液。呼吸困难，咳嗽，胸、腹等无毛或少毛处皮肤暗红，出现剧烈呕吐、运动失调、后肢不全麻痹或完全麻痹等神经症状。耐过急性期的公狐狸性欲减退，母狐狸不发情、不受孕或妊娠早期发生流产、后期早产，产死胎、畸形胎或弱仔。

病理剖检变化：尸体消瘦，肌肉色淡，全身横纹肌色淡或黄染。头部水肿，眼球突出；肺充血、肿胀，间质增宽，有小出血点和灰白色病灶，切面流出多量带泡沫液体，肺部呈大理石状花纹，心包积液。腹腔体液增多，胃肠黏膜充血，有溃疡或灰白色坏死灶。肝、脾、肾亦有坏死灶和出血点。全身淋巴结肿大，切面湿润多汁，并伴有粟粒大小的灰黄色坏死灶和出血点。

诊断：根据粪地弓形虫的流行病学特点，病狐狸的临床症状和病理剖检变化可作出初步诊断，但是该病需与神经型狐狸瘟热病进行鉴别诊断。进一步确诊需进行实验室检查。

病原体的分离：将病料（肺、淋巴结、肝、脾或慢性病例的脑及肌肉组织）用生理盐水 10 倍稀释（每毫升含 1 000 单位青霉素和 0.5 毫克链霉素），各以 0.5 毫升接种 5～10 只小白鼠的腹腔内（无小白鼠，家兔也可以）。则小白鼠于接种后 2 周内发病，此时取小白鼠腹水 1 滴，涂片，镜检，可发现典型的弓形虫。若初代接种的小白鼠不发病，可于 1 个月后采血杀死，检查脑内有无包囊。对包囊检查呈阴性者，可在采血的同时做血清学检查，只有血清学检查也呈阴性时，方可判定为阴性。

弓形虫检查：将病理材料切成数毫米小块，用滤纸除去多余水分，放载玻片上并使其均匀散开和迅速干燥。标本用甲醛固定 10 分钟，以姬氏液染色 40～60 分钟后干燥，镜检，可发现半月牙形的弓形虫。

血清学检查：主要有色素试验、补体结合反应、血球凝集反应及荧光抗体法等。

治疗与预防：目前对弓形虫病治疗尚缺乏特异疗法。用氯嘧啶（杀原虫药）和磺胺二甲氧嘧啶并用，效果显著；或用磺胺苯砜（SDDS），剂量为每天 5 毫克/公斤体重。为了促进病狐狸食欲，辅以 B 族维生素和维生素 C。

发现病狐狸及时隔离治疗，病死狐狸尸体要深埋或火化。取皮、解剖、助产及捕捉用具要用高温消毒，或用 1.5% ~ 2% 氯亚明，5% 来苏儿消毒。场内要灭鼠，禁止狐狸与猫接触，妥善处理猫的粪便，防止狐狸采食猫粪中的感染性卵囊。

二、狐狸球虫病

狐狸球虫病是指狐狸感染艾美耳科等孢子属球虫而引起的寄生虫病。临床上以肠炎为特征。该病是狐狸的常见病。各种年龄狐狸均易感染，幼龄更易感染，成年狐狸临床症状不明显。

病因：在环境卫生不良和饲养密度较大的养狐狸场易发生该病。健康狐狸接触病狐狸和带虫的成年狐狸而感染该病。狐狸采食被球虫污染的饲料和水，或吞食带虫卵的苍蝇，鼠类均可发病。

症状：发病狐狸表现食欲不振，精神沉郁，被毛无光泽。眼鼻有分泌物，尿频，腹泻或腹泻与便秘交替出现，粪便开始为黄色松散状，后期排出带黏液的鲜红色血便，狐狸消瘦，生长发育不良，后期死亡。老狐狸抵抗力较强，常呈慢性经过。

病理剖检变化：病狐狸普遍贫血、消瘦。肠黏膜水肿、充血，有点状出血，上皮脱落，个别病例肠壁可见灰白色结节。胃空、小肠黏膜发炎，肠腔内容物稀薄，呈现红色内容物。内容物稀并混有黏液和血液，球虫卵囊寄生部位为肠黏膜，有针尖大出血点，并有白色小结节，内充满球虫卵囊，肠黏膜凹凸不平。

诊断：根据球虫的流行病学特点，病狐狸的临床症状和初步作出诊断，进一步确诊需进行实验室检查。

生前诊断：可用饱和盐水漂浮法，显微镜下检查粪便中有无卵囊，并根据卵囊的形态，特征，即可诊断为此病。

死后剖检：小肠黏膜卡他性炎症，在小肠黏膜层内发现白色结节，显微镜下检查发现球虫卵囊，即可诊断为此病。

治疗与预防：甲氧苄氨嘧啶—磺胺甲异噁唑（磺胺三甲氧苄二氨嘧啶），每次口服15毫克/千克体重，每天1次或两次，连续服药5天。磺胺间二甲氧嘧啶，口服50毫克/千克至60毫克/千克体重，每天1次；然后每次口服25毫克/千克体重，每天1次，连续服药5～20天。定期投药。可选用球诺克等毛皮动物专用药。球虫易产生抗药性，需几种药物交替使用。禁止使用马杜拉霉素等禽专用抗球虫药，以免发生中毒。保持笼舍干燥，清洁卫生，空舍时最好进行火焰消毒。加强饲料管理，避免饲料被污染，提供优质、全价、新鲜、卫生的饲料和洁净饮水，增强狐狸抗病力。因狐狸粪中有大量球虫卵及其他病原微生物，必须经堆积发酵，利用生物热杀灭病菌后再作为肥料。病狐狸和健康狐狸分开饲养，并淘汰病狐狸，不留作种用。

三、狐狸肾膨结线虫病

狐狸肾膨结线虫病是指狐狸感染肾膨结线虫而引起的寄生虫病，临床上以可视黏膜发白，灰白色肾脏和血尿为特征。

病因：狐狸采食未煮熟的感染肾膨结线虫蚴的鱼类饲料而感染该病。

症状：肾膨结线虫病多寄生于狐狸右侧腹腔，雌虫很长，感染率很高。病狐狸消瘦、贫血、可视黏膜苍白，食欲不佳，消化紊乱，呕吐，血尿等。由于虫体移行机械刺激，分泌毒素，肾脏和腹腔浆膜发炎，脏器粘连，大网膜纤维素沉着，肝脏受损，患侧肾脏混浊呈灰白色、质硬，穿孔或缺损，切面有钙化灶，肾盂内有脓样的混浊液体。有的可见到虫体穿入肾组织中，膀胱内有血尿。狐狸群抵抗力下降易继发其他传染病。

病理剖检变化：尸体消瘦，尸僵完整，口腔黏膜苍白，皮下组织无脂肪沉着。剖开腹腔，有多量淡黄红色腹水，肝脏受损。患侧肾区和腹膜有黄红色绒毛状纤维素附着，多在右侧腹腔发现虫体。

诊断：根据肾膨结线虫的流行病学特点，病狐狸的临床症状和病理剖检变化可作出初步诊断，进一步确诊需进行实验室检查。

治疗与预防：该病尚无特效的治疗方法，可以用灭虫丁或伊维菌素治疗，用药剂量和方法请参照药品说明书。凡以淡水鱼类为主要饲料的养狐狸场，鱼类饲料都应熟喂，其他饲料也应和未高温处理的生鱼很好地隔开，不混放在一起。动物的饮用水应用井水。

四、狐狸颚口线虫病

狐狸颚口线虫病是指狐狸感染颚口线虫而引起的寄生虫病，临床上以食道发生病变不能进食和进行性消瘦为特征。

病因：健康狐狸接触患病狐狸和其他动物而感染发病。狐狸采食被颚口线虫污染的鱼类饲料和饮水而发病。

症状：虫体寄生于食道壁，引起咽下困难或呕吐，严重者食道形成憩室，不能进食。虫体寄生于心肺等胸腔器官，引起心脏穿孔，出血，心跳受阻，心脏发炎，肿大，心力衰竭而死。慢性经过的病例，病狐狸表现出一系列的消化紊乱，呕吐，剩食，消瘦，精神萎靡不振，喜卧小室内，不愿活动，被毛蓬乱，可视黏膜苍白，最后昏迷而死。

病理剖检变化：尸体消瘦，可视黏膜苍白，皮下脂肪减少。若虫体寄生在食道，则食道黏膜寄生部位发炎，肿胀，形成憩室或肿瘤。食道狭窄，在肿瘤内有时发现虫体。若虫体穿入心脏，可造成心包炎、心包积液增多等症状，切开心包膜便发现虫体穿入心肌内。

诊断：根据颚口线虫的流行病学特点，病狐狸的临床症状和病理剖检变化可初步作出诊断，进一步确诊需进行实验室检查。

治疗与预防：病狐狸可用肠虫清进行治疗，也可用三道年片进行治疗。

五、狐狸麦地拉龙线虫病

狐狸麦地拉龙线虫病是指狐狸感染麦地拉龙线虫而引起的寄生虫病，临床上以高度消瘦和皮下有虫体寄生为特征。

病因：麦地拉龙线虫是生物源性线虫，其中间宿主是剑水蚤。当狐狸饮用含有被麦地拉龙线虫幼虫感染的剑水蚤的水或鱼，可感染该病。

症状：通常寄生于人和动物的皮下结缔组织。患狐狸营养状态不良，机体消瘦，被毛粗乱，精神沉郁，食欲减退。该虫寄生在狐狸皮下，雌虫在狐狸头部皮下呈弯曲状，行至后肢皮下逐渐伸直。

诊断：根据麦地拉龙线虫的流行病学特点，病狐狸的临床症状和病理剖检变化可作出初步诊断，进一步确诊需进行实验室检查。

治疗与预防：伊维菌素治疗或手术驱虫。还可以通过注射5%佳灵三特注射液进行治疗，按照每千克体重0.1毫升注射，间隔7天再用药一次。

六、狐狸旋毛虫病

狐狸旋毛虫病是指狐狸感染旋毛虫而引起的人兽共患的寄生虫病，临床上以进行性消瘦和膈肌存在虫体为特征。

病因：狐狸接触旋毛虫感染的饲料或肉制品而感染该病。

症状：患病狐狸呼吸短促，不愿活动，营养不良，食欲不振，慢性消瘦，消化紊乱，呕吐，下痢。动物抗病力下降，当天气变化，气温下降时出现死亡，或由于高度消瘦失去种用价值。

病理剖检变化：尸体消瘦，皮下无脂肪沉着，筋膜下和背部肌肉里有罂粟粒一般大小的乳白黄色小结节散在。

诊断：根据旋毛虫的流行病学特点，病狐狸的临床症状和病理剖检变化可初步作出诊断，进一步确诊需进行实验室诊断。剪取背最长肌有小结节的肌肉组织，或膈肌，剪碎放于载玻片上，压片置于低倍显微镜下观察虫体，呈盘香状蜷曲的虫体，即可确诊。

治疗与预防：可用丙硫咪唑治疗，用量每天按 25 毫克/千克至 40 毫克/千克体重，分 2~3 次口服，5~7 天为 1 个疗程。加强兽医卫生检疫，用狗肉或狗的副产品一定要采样镜检，或无害高温处理再喂动物，为保证高温处理肌肉深层达到 100℃，应把要高温处理的肉，切割成小块，以便彻底杀灭虫体。饲养人员要做好自身防护，以免被感染。

七、狐狸疥螨病

狐狸疥螨病是指狐狸感染疥螨而引起的一种慢性寄生虫性皮肤病，俗称癞皮病。临床上以大量麸皮状皮屑和瘙痒为特征。

病因：疥螨病多发于冬末和春初，健康狐狸接触携带疥螨的狐狸或其他动物而感染该病。健康狐狸接触螨虫及卵污染的笼舍、用具等也可造成该病的传播。

症状：幼龄狐狸发病较严重，麸皮状皮屑多先起于头部、鼻梁，眼眶、耳部及胸部，然后发展到躯干和四肢。病初皮肤发红有疹状小结，表面有大量麸皮状皮屑，进而皮肤增厚、被毛脱落、表面覆盖痂皮、龟裂。剧痒，不时用后肢搔抓，摩擦，当皮肤抓破或痂皮破裂后可出血，发生感染时患部可有脓性分泌物，并有臭味。病狐狸日见消瘦、营养不良，重者可导致死亡。

诊断：根据疥螨的流行病学特点，病狐狸的临床症状和病理剖检变化可初步诊断，进一步确诊需进行实验室检查。

从病狐狸的耳壳内刮取病料，放在黑色纸上，加热至30~40℃，螨虫即出爬行，肉眼可见到活动的小白点，也可用显微镜检查，发现螨虫即可确诊。

在症状不太明显时，取患部皮肤上的痂皮，最好在患部与健部交界处，用锐匙或外科圆刃刀刮取表皮，装入试管内，加入10%苛性钠（或苛性钾）溶液煮沸，待毛、痂皮等圆形物大部分溶解后，静置20分钟，吸取沉渣，滴载玻片上，用低倍显微镜检查可发现幼螨、若螨和虫卵。

治疗与预防：根据场内具体情况选用木桶，旧铁桶、大铁锅，帆布浴池或水泥池等进行药浴。可选用下述药品进行药浴：500‰辛硫磷，250‰二嗪农（螨净），150‰~250‰巴胺磷（赛福丁）300‰~500‰双甲脒，50‰溴氢菊酯（倍特）等。大群药浴前应先做小群安全试验。药液温度应保持在36~37℃，最低不能低于30℃。应选择无风晴朗天气或在室温条件下，药浴前应给动物饮足水，动物浸入药液后要停留片刻，以达到浸透，浸没头部，但要露出口鼻，以免误咽，引起中毒。药浴后应注意观察，有无中毒现象，精神不好，口吐白沫，应及时治疗。药浴的同时要对笼舍消毒。选择低毒高效的药物：伊维菌素，剂量为 0.2 毫升/千克体重，皮下注射，间隔 15~20 天再注射一次，治疗同时应配合环境消毒，防止来自环境的继发性感染。严重瘙痒的狐狸可用泼尼松 0.5 毫克/千克体重，口服，每日 2 次，连用 2~5 天。发现患有疥螨病的狐狸及时隔离，以防互相传染。注意环境卫生，保持狐狸舍清洁干燥，对于狐狸笼、小室要定期清理消毒。

八、狐狸蠕形螨病

狐狸蠕形螨病是指狐狸感染蠕形螨而引起的一种皮肤寄生虫病。临床上以界限明显的脱毛、秃斑和瘙痒为特征。

病因：健康狐狸接触携带蠕形螨的病狐狸或其他动物而感染该病。蠕形螨的抵抗力很强，可在外界存活多日。

症状：该病又称毛囊虫病或脂螨病。是一种常见而又顽固的皮肤病。它寄生于动物的皮脂腺和毛囊内。

鳞屑型：主要是在眼睑及其周围、额部、嘴唇、颈下部、肘部、趾间等处发生脱毛、秃斑，界限明显，并伴有皮肤轻度潮红和麸皮状屑皮，皮肤可有粗糙和龟裂，有的可见有小结节。皮肤可变成灰白色，患部不痒。

脓疱型：感染蠕形螨后，首先多在股内侧，下腹部见有红色小丘疹。几天后变为小的脓肿，重者腹下、股内侧可见有大面积红白相间的小突起，并散发特有的臭味。病狐狸表现不安，并有痒感。大量蠕形螨寄生时，可导致全身皮肤感染，被毛脱落，脓疱破溃后形成溃疡，并可继发细菌感染，出现全身症状，重者可导致死亡。

诊断：根据蠕形螨的流行病学特点，病狐狸的临床症状可初步作出诊断，进一步确诊需要进行实验室检查。

取在患部与健部交界处的痂皮，放于载玻片上，滴 1 滴甘油，盖上盖玻片，显微镜下检查，发现疥螨即可确诊。

治疗与预防：局部治疗用肥皂水或 0.2% 温来苏儿洗刷患部皮肤，然后涂 15% 浓碘酊，每隔 1 ~ 2 天涂擦一次；或使用二甲苯胺脒（用量为每 226.8 克水中加 0.66 毫升药液），每天 1 次，直到痊愈为止。全身治疗采用伊维菌素，0.4 毫克/千克至 0.6 毫克/千克体重，口服，每天 1 次，连用 30 天。全身性感染的病例可结合抗菌素疗法。

保持狐狸场地面、笼舍及用具的卫生清洁，定期在地面撒生石灰或喷洒火碱水，或用火焰喷灯消毒，严防苍蝇在场内大量繁殖、四处乱飞传播病原。定期在狐狸场内外灭鼠，防止老鼠传播螨病。从外地购入的狐狸，运到本场，须隔离饲养一段时间，经观察无病才能融入本场狐狸群饲养。平时要仔细观察所有个体，一旦发现行为异常，如常用爪挠痒、抓皮肤，出现挠伤、秃斑、流污血、结硬痂等症状，及时采取治疗措施，严防螨病蔓延。及时处理病狐狸所剪下的痂皮、被毛和病尸，必须全部烧毁或深埋。操作现场彻底清扫后，用火碱水消毒。

九、狐狸蛆病

狐狸蛆病也叫蝇蛆病，是指侵入和居留在毛皮动物活体组织和腔洞内蝇的幼虫引起的蛆病，临床上以颈、腰部皮肤可摸到椭圆形肿块和肿块内有虫体为特征。

病因：狐狸抵抗力下降可引起的蝇的侵害，引发该病。

症状：被幼虫（蛆）侵害的仔狐狸一般营养不良。仔狐狸表现极度不安和发出尖叫声。常在颈、腰部皮肤，可摸到3～15个椭圆形肿块，以后中心硬结，下面有化脓性渗出物。有时在皮肤圆形孔内发现幼虫虫体。发现有个别仔狐狸皮肤肥厚和脓肿。由于蛆的活动及其分泌物刺激，使病狐狸不安，食欲下降，消瘦，严重者死亡。

诊断：根据病狐狸的生活环境和临床症状可初步诊断，进一步确诊需进行实验室检查。

治疗与预防：发现蝇蛆，用外科手术的办法除去蛆和坏死组织，向患部腔内注入双氧水，清理创腔，然后注入少量氯仿或1%敌百虫溶液以杀死幼虫和防蝇再次产卵，然后用镊子取出蛆体。如果看不到蛆时，可用手指挤压有蛆活动的部位，把蛆排出来，然后消毒创口，还要注意防蝇，以防再次侵入。加强环境卫生，注意小室（产箱）内卫生，箱内的剩食要及时清除掉，勤换垫草，特别是仔狐狸会吃食以后，产箱内的卫生很重要。

十、狐狸蚤病

狐狸蚤病是指狐狸蚤寄生于狐狸而引起的蚤病，临床上以瘙痒不安、抓咬被侵害部位和贫血为特征。

病因：蚤在毛皮动物毛丛中或在产箱里的垫草中产卵发

育，卵光滑，易落入产箱的板缝中或地面上，发育成幼蚤。健康狐狸接触后致使其患病。

症状：当大量跳蚤寄生在狐狸身上时，由于刺咬、吸血，引起狐狸瘙痒不安和营养消耗，常用脚爪搔抓被侵害的部位，使被毛遭到损伤，体况消瘦，严重者可出现贫血和营养不良。

诊断：根据病狐狸的临床症状可初步诊断，进一步诊断需进行实验室检查。

治疗与预防：将0.5%蝇毒磷药粉（20%蝇毒磷乳粉25克加975克白陶土配制）装入纱布袋里，拨开毛绒，向毛根部撒布，1周后重复用药一次。在室温条件下，用25%溴氢菊酯液，按250～300倍稀释后，喷洒在蚤寄生部位，1小时内可杀死虫体。要注意杀虫药的用量，不要过多，以免中毒。在用药的同时，小室（产箱）和垫草要清理掉。搞好棚舍内卫生，保持干燥，定期用1%～2%敌百虫液喷洒地面。

第六节　狐狸营养代谢病及其防治关键技术

一、狐狸维生素A缺乏病

狐狸维生素A缺乏是指狐狸体内维生素A缺乏或不足，而引起的代谢和功能失调的综合性疾病。临床上以干眼病和消化道上皮角化为特征。

病因：饲料中维生素A含量不够或补给不足，达不到狐狸的需求量；日粮中维生素A遭到破坏、分解、氧化、流失、吸收障碍等，如饲料贮存过久而使脂肪酸氧化，或调料不当；

狐狸本身患有慢性消化器官疾病，严重影响营养物质的吸收和利用；混合料中添加了酸败的油脂、油饼、骨肉粉及陈腐的蚕蛹粉等氧化了的饲料，使维生素 A 遭到破坏，导致维生素 A 缺乏。

症状：成年狐狸和幼龄狐狸的症状基本相似。狐狸维生素 A 缺乏时，除发生神经症状外，表现出干眼病，同时出现消化道、呼吸道和泌尿生殖系统黏膜上皮角化，母狐狸性周期紊乱，发情不正常，发情期延长，怀孕期发生胚胎吸收，出现死胎、烂胎；公狐狸表现性欲降低，睾丸发育不良，精子形成发育障碍。

病理剖检变化：病狐狸的消化道、呼吸道和泌尿生殖系统黏膜上皮发生角化。

诊断：根据临床症状和实验室检测可确诊。

治疗与预防：在平时的日粮中要注意维生素 A 的添加量。治疗量的维生素 A 为预防量的 5～10 倍。狐狸每天内服3 000～5 000 单位，同时饲料内要保证有足够量的中性脂肪。如果应用植物盐基的维生素 A 制剂，日粮中补加鲜肝 10～20克见效快。

预防维生素 A 缺乏，必须根据狐狸不同生理时期的需要量来添加，特别是在狐狸配种准备期、妊娠期和哺乳期，在饲料中必须添加鱼肝油或维生素 A 浓缩剂，每天每千克体重250 单位以上。向日粮内添加肝及维生素 E 具有较好效果，后者能防止肠内维生素 A 的氧化。鱼肝油必须新鲜，禁用酸败的鱼肝油，否则，用后不但不起治疗和预防作用，反而对狐狸更有害。

二、狐狸维生素D缺乏病

狐狸维生素 D 缺乏病是指狐狸体内维生素 D 缺乏或不足，而引起的代谢和功能失调的综合性疾病。临床上以骨质钙化不足和发生骨折为特征。

病因：先天性维生素 D 缺乏常由于怀孕母体营养失调或缺乏阳光照射和运动不足，饲料中缺乏矿物质、维生素 D 和蛋白质所致。饲料中钙、磷比例失调；饲料霉败；动物体慢性胃肠炎、寄生虫病等都可导致维生素 D 吸收不好或缺乏。另外，动物肝、肾有病，使肝细胞的线粒体中含维生素 D－25－羟化酶即能催化维生素 D_3 转化为 25－羟胆化固醇的作用受到影响而致病；先天性必需酶类如 25－OH－D－1－羟化酶的缺乏可导致该病的发生。

症状：缺乏维生素 D 时，可引起骨质钙化停止，幼狐狸体质软弱、生长缓慢、异嗜，出现佝偻病。前肢弯曲，疼痛，跛行，甚至不能站立（2～4 月龄时易发生），喜卧不愿活动。成年狐狸骨质疏松，易发生骨折，骨骼变形，肋骨与肋软骨之间交界处膨大，呈串珠状，脊柱向上隆起呈弓形弯曲，前肢弯曲，异嗜，跛行在妊娠期，胎儿发育不良，产弱仔，成活率低；泌乳期奶量不足，提前停止泌乳，食欲减退，消瘦。

诊断：根据临床症状和实验室检查可以确诊。

治疗与预防：对病狐狸增加维生素 D_3 的补给，可以注射维丁（D）胶性钙，狐狸肌肉注射 0.5 毫升，隔日注射一次，同时在饲料中增加一些鲜肝和蛋类。也可以单一的肌肉注射

维生素 D_3（骨化醇）按药品说明书使用。如果大批发生佝偻病，要调节饲料中的钙磷比，不要单一的补钙，最好用比较好的鲜骨或骨粉，狐狸场内要适当的调节光的强度便于维生素 D 前体的转化。

三、狐狸维生素E缺乏病

狐狸维生素 E 缺乏病是指狐狸体内维生素 E 缺乏或不足，而引起的代谢和功能失调的综合性疾病。临床上以繁殖障碍和脂肪炎为特征。

病因：饲料（日粮）中维生素 E 补给不足或缺乏，饲料质量不佳引起维生素 E 失去活性或被氧化。如动物性（肉类）饲料冷藏不好，贮存时间过长，使肉类脂肪氧化酸败，特别是饲喂脂肪含量高的鱼类饲料更易使饲料中维生素 E 遭到破坏。

症状：病狐狸主要表现繁殖障碍，脂肪炎；母狐狸发情期拖延、不孕、空怀率高；仔狐狸生命力弱，精神萎靡、虚弱、无吮乳能力，病死率高；公狐狸表现性机能下降，无配种能力、精液质量不佳。育成狐狸易出现急性黄脂肪炎，突然死亡。

诊断：根据病狐狸的临床症状和实验室检查可确诊。

治疗与预防：对维生素 E 缺乏或不足的病狐狸，可以肌肉注射维生素 E 注射液也可口服维生素 E 丸，但喂前要用温水泡开。

如果伴有食欲不佳和黄脂肪病出现可以采取综合治疗。

维生素 E 或亚硒酸钠维生素 E 合剂，用量请参照药品说明书，维生素 E 每千克体重 5～10 毫克，维生素 B_1 或复合维生素 B 注射液 0.5～1.0 毫升，分别肌肉注射。维生素 E 每千克体重 5.0～10 毫克，青霉素 10 万～20 万单位/千克体重，维生素 B 注射液 0.5～1.0 毫升，分别肌肉注射，每天一次。直到病情好转，恢复食欲。消炎类抗生素可以根据养殖场的具体情况，采用青霉素、土霉素、磺胺嘧啶以及喹诺酮类的药物均可。除药物疗法外，还可以食饵疗法，在饲料中投给新鲜、富含维生素的饲料（小麦芽及新鲜的动物性饲料，豆油、蛋黄、鲜肝等）。根据饲料的质量适当添加一定量维生素 E 可以防止维生素 E 的缺乏和黄脂肪病的发生。特别是长期饲喂脂肪含量高、库存时间长的海产品及肉类的狐狸，更要注意预防此病的发生。

四、狐狸维生素B_1缺乏病

　　狐狸维生素 B_1 缺乏病是指狐狸体内维生素 B_1 缺乏或不足，而引起的代谢和功能失调的综合性疾病，临床上以神经末梢变性和组织器官机能障碍为特征。

　　病因：饲料单一、病狐狸厌食、患有吸收功能低下的胃肠疾病、寄生虫和衰老等因素影响维生素 B_1 的吸收和利用。此外饲料搭配不合理，饲料陈腐不新鲜，饲料加工调制方法破坏饲料中的 B 族维生素，如生喂淡水有鳞鱼和生鸡蛋都能破坏维生素 B_1，因为淡水鱼体表，软体动物、蚕蛹和蛋清等有硫胺素酶，可降解饲料中的维生素 B_1，添加的维生素制剂质量不合格也可导致维生素 B_1 缺乏。

症状：当病狐狸维生素 B_1 缺乏时，经过 20~40 天，就会引起该病。患病狐狸在笼中昏睡或昏迷不醒，蜷缩不动，出现食欲减退、大群剩食，身体衰弱、消瘦、步态不稳、抽搐痉挛、昏睡，不及时治疗，经 1~2 天死亡。重度维生素 B_1 缺乏时，病狐狸体温正常，神经末梢发生变性，组织器官机能障碍，心脏机能衰弱，食欲废绝，消化机能紊乱。发生于幼龄狐狸育成期致使幼龄狐狸发育停滞，被毛逆立、蓬乱、无光泽，可视黏膜苍白，不愿活动，继而出现神经症状，出现共济失调，后躯麻痹，在笼中乱爬，后躯被动驱动，拖动前进，抽搐、痉挛。

妊娠母狐狸流产、产死胎和发育不良的仔狐狸数量增高。母狐狸在妊娠后期由于死胎、烂胎自身中毒导致母仔转归死亡。由于母狐狸体内聚集有毒物质，常引起哺乳仔狐狸腹泻。维生素 B_1 不足时，使母狐狸妊娠期延长，空怀率高，产弱仔。

诊断：根据病狐狸的临床症状可初步确诊，但是需与脑脊髓炎和食盐中毒进行鉴别诊断，进一步确诊需进行实验室检查。

治疗与预防：该病早期发现用维生素 B_1 或复合维生素治疗病狐狸很快好转治愈。狐狸每天肌肉注射维生素 B_1 或复合 B 注射液 0.5~1.0 毫升，连注 3~5 天。大群狐狸在饲料中投给维生素 B_1 粉，病情很快好转并恢复正常。将动物性饲料熟制以后，盐酸硫胺素酶被破坏了，对 B 族维生素失去作用。补加维生素 B_1 时，禁止生喂动物性饲料。

五、狐狸维生素 B_2 缺乏病

狐狸维生素 B_2 缺乏病是指狐狸体内维生素 B_2 缺乏或不足，而引起的代谢和功能失调的综合性疾病，临床上以神经机能紊乱和被毛褪色、变白为特征。

病因：饲料单纯、缺乏青绿饲料可导致维生素 B_2 缺乏或不足。酵母、鱼粉的质量低劣，动物厌食，或患有消化吸收障碍疾病和胃肠道寄生虫病等而导致维生素 B_2 缺乏或不足。

症状：狐狸维生素 B_2 缺乏或不足时，生长发育缓慢、逐渐消瘦、衰弱、食欲减退。引起神经机能紊乱、后肢不全麻痹、步态摇晃、痉挛及昏迷状态。心脏机能衰弱，全身被毛脱落，黑色毛皮动物被毛褪色，变为灰白色或者毛色变浅。母狐狸发情期推迟或不孕。新生仔狐狸发育不健全，腭裂分开，骨缩短。5 周龄仔狐狸完全无被毛及具有肥厚脂肪皮肤，腿部肌肉萎缩，运动机能衰弱，全身无力，晶状体混浊，呈乳白色。

诊断：根据病狐狸的临床症状可作出初步诊断，进一步确诊需进行实验室检查。

治疗与预防：对病狐狸及早补给维生素 B_2，狐狸每天 $1.5 \sim 2.0$ 毫克，在饲料中添加复合维生素 B_2 添加剂或精品维生素 B_2。增加饲料中的维生素 B_2 含量，尤其日粮中含脂肪量大的饲料，需要增加维生素 B_2 的给量。狐狸妊娠和哺乳期对维生素 B_2 的需要量更大，因此应加大维生素 B_2 的量。

六、维生素B$_6$缺乏病

狐狸维生素 B$_6$ 缺乏病是指狐狸体内维生素 B$_6$ 缺乏或不足，而引起的代谢和功能失调的综合性疾病，临床上以繁殖障碍为特征。

病因：饲料单一缺乏维生素 B$_6$。狐狸患胃肠炎，而不能吸收饲料中的维生素 B$_6$。狐狸患寄生虫病而引起维生素 B$_6$ 缺乏或不足。

症状：该病主要发生在毛皮动物繁殖期，维生素 B$_6$ 是动物体内新陈代谢主要辅酶，其缺乏或不足会引起狐狸繁殖机能障碍、贫血、生长发育迟缓，肾脏受损。公狐狸表现性功能低下，无精子，睾丸发育不良，无配种能力。妊娠期母狐狸空怀率高，仔狐狸死亡率高，成活率低，妊娠期延长。仔狐狸生长发育迟缓，食欲不佳，上皮角化，棘皮症，小细胞性低色素性贫血，毛细血管通透性降低，易发生尿结石。

诊断：根据病狐狸的临床症状和日粮的实验室检查可确诊。

治疗与预防：给予病狐狸易消化的富含维生素 B$_6$ 的饲料，如肉、蛋、奶等。及时补给维生素 B$_6$ 制剂，能收到良好的效果。狐狸每只每天可肌肉注射 1~1.5 毫升的复合维生素 B 注射液，吡哆醇盐酸盐糖粉可以添加在饲料中，剂量请参照产品说明书使用。也可使用人用的维生素 B$_6$ 精品，效果更好。根据狐狸的不同生理周期补加维生素 B$_6$ 制剂，在配种妊娠期，根据试验每千克饲料干物质内应含维生素 B$_6$ 0.9 毫克。仔狐狸育成期也应注意维生素 B_6 的补给。

七、狐狸维生素 B_{12} 缺乏病

狐狸维生素 B_{12} 缺乏病是指狐狸体内维生素 B_{12} 缺乏或不足，而引起的代谢和功能失调的综合性疾病，临床上以贫血，生产率降低，运动失调和神经损伤为特征。

病因：日粮中谷物性饲料比例过大，长期在饲料中添加广谱抗生素、磺胺类药物和地方性缺钴都可导致该病发生。

症状：狐狸缺乏维生素 B_{12} 时，狐狸表现消瘦，衰弱，可视黏膜苍白。消化不良，食欲丧失、幼狐狸发育迟缓，红细胞性贫血，呕吐，腹泻，被毛粗糙，生产率降低。病狐狸兴奋、步伐不稳、运动失调并出现神经损伤。

诊断：根据病狐狸临床症状和实验室检查可确诊。

治疗与预防措施：预防该病要在日粮中适量增加新鲜的鱼粉、肉屑、动物肝脏和酵母、黄色谷物等，禁止饲喂腐败变质的饲料。在母兽妊娠期可在饲料中添加维生素 B_{12}，每只每天0.1毫克。治疗该病可肌肉注射维生素 B_{12}，一次0.1毫克，一日1次或隔日1次，至症状消失。也可以同时使用氯化钴，每天1.0~2.0毫克，连用10天，停药10~15天，视病情可反复用药。直至全身症状改善消失，停止用药。

八、狐狸叶酸缺乏病

狐狸叶酸缺乏病是指狐狸体内叶酸缺乏或不足，而引起

的代谢和功能失调的综合性疾病症候群，临床上动物贫血，消化机能紊乱和毛生长障碍为特征。

病因：长期饲喂鱼粉或溶剂法提取的豆饼（饼类）及颗粒料时，易引起叶酸缺乏或不足。长期应用抗生素，会杀死胃肠道内正常微生物群，同样可以引起叶酸不足。

症状：狐狸表现被毛稀疏，颜色变浅，换毛不全，被毛褪色，毛绒质量低劣，毛绒生长障碍。体重减轻，消化紊乱，可视黏膜苍白，贫血，易患出血性胃肠炎。多数仔狐狸因贫血而死，血液稀薄，血红蛋白降低。

诊断：根据病狐狸的临床症状和实验室检查可确诊。

治疗与预防：病狐狸每天注射 0.2 毫克叶酸，持续到病狐狸康复。同时分别注射维生素 B_{12} 和维生素 C；口服或注射泛酸钙 3.0～4.0 毫克，或口服丙基硫脲嘧啶。在日粮中补加鲜肝和青绿饲料，喂颗粒饲料时补给叶酸添加剂，能有效地预防该病。狐狸繁殖期日粮中需 0.5～0.6 毫克，妊娠期需 3.0 毫克。

九、狐狸维生素C缺乏病

狐狸维生素 C 缺乏病是指狐狸体内维生素 C 缺乏或不足，而引起的代谢和功能失调的综合性疾病，临床上以四肢水肿、皮肤高度潮红、关节变粗、趾垫肿胀变厚、尾部水肿、红爪为特征。

病因：长期不喂青绿的菜类或补加含维生素 C 多的饲料，特别是在母狐狸妊娠中后期，饲料不新鲜，又喂很少的蔬菜很容易引起维生素 C 缺乏，导致新生仔狐狸红爪病的发生。

症状：狐狸维生素 C 缺乏可引起骨生成带破坏，毛细血管通透性增强和血细胞生成障碍。仔狐狸口腔明显发白，四肢水肿，关节变粗，指（趾）垫肿胀，患部皮肤高度充血、淤血、潮红。进一步发展则指间破溃和龟裂，偶见尾巴水肿，变粗，皮肤高度潮红。患病仔狐狸尖叫嘶哑无力，声音拉长，不间断的往前爬（乱爬），头向后仰，吸吮能力差乃至不能吸吮母狐狸乳头，导致母狐狸乳房硬结发炎、疼痛不安，叼着病仔狐狸在笼内乱跑，乃至咬死仔狐狸。

病理剖检变化：刚出生 2~3 天的仔狐狸，脚爪水肿，充血出血肿胀，胸腹部和肩部皮下水肿和黄染（胶样浸润），胸、腹部肌肉常常出现泛发性出血斑。

诊断：根据病狐狸的临床症状和实验室检查可确诊。

治疗与预防：及时发现病狐狸，狐狸在产后 5 天内发现叫声异常，要立即检查，对病狐狸可肌肉注射抗坏血酸注射液 0.5 毫升，也可用滴管或毛细玻璃管向口内滴入抗坏血酸注射液，每天一次，直至水肿消失为止。同时在母狐狸的饲料中加一些新鲜的叶类或维生素 C 添加剂。保证饲料新鲜，不饲喂长期贮藏、质量不佳的饲料。日粮中要有一定量的蔬菜，如果没有新鲜的青绿蔬菜，可以添加一些价格较便宜的水果，或者维生素 C 精品。

十、钙磷缺乏症

狐狸常见的微量元素缺乏症主要是钙磷代谢障碍，仔兽患病又称佝偻病。

病因：主要是由于饲料中缺乏维生素 D、钙磷不足或者是钙磷比例失调造成的。狐狸在生长、发育、妊娠及泌乳期钙磷需要量增加，导致日粮中钙磷含量相对不足，钙磷比例不当或者狐狸出现钙磷吸收障碍；日粮中缺乏维生素 D，或因阳光照射不足导致维生素 D 转化困难引起钙磷吸收困难；钙磷从胃肠中排出过多等。

症状：仔兽佝偻症的主要症状是骨变形，首先是前肢，其后是后肢和驱干骨骼变形、头容积变大、腿短而细弱、弯曲、跛行、腹部增大下垂，有的仔兽不能用脚掌走路和站立，而是用肘关节移行，母兽发病时由于髋关节不正常，形成难产，使胎儿死亡数目增加。

治疗与预防日粮配制时要注意钙磷的添加和配比，投喂以鲜碎骨和骨粉等富含钙、磷的饲料。治疗时可肌肉注射维丁胶钙，或补给维生素 D，持续 2 周，之后转为预防量，每千克体重 50～100 单位，也可补喂磷酸钙片。

十一、狐狸食毛症

狐狸食毛症是指狐狸啃咬自身毛发的疾病，临床上以患病狐狸啃咬自身被毛，全身除头颈外，被毛残缺不全，呈剪毛样，皮肤裸露为特征。多发生于秋冬季节。

病因：硒、铜、钴、锰、钙、磷等微量元素不足或缺乏，脂肪酸败，酸中毒，肛门腺阻塞等都可引起该病的发生。由此可见，营养不全或不平衡，代谢功能紊乱或失调以及饲养管理不良都能诱发该病。

症状：狐狸突然发生该病，一夜将后躯被毛全部咬断，或者间断的啃咬，严重的除头颈咬不着地方外，都啃咬掉，被毛残缺不全。尾巴呈毛刷状或棒状，全身裸露。如果不继发其他疾病，精神状态无异常，食欲正常。当继发感冒或外伤感染时可出现全身症状。由于舔食毛发而引起胃肠毛团阻塞。

诊断：根据病狐狸的临床症状和实验室检查可确诊。

治疗与预防：应立足于综合性预防，饲料要多样化，全价新鲜，保证饲料质量。在饲料中添加微量元素铜、钴、硫、锌、铁、锰等制剂，还有石膏粉、羽毛粉、骨粉以及含硫氨基酸（胱氨酸、蛋氨酸）等，在泌乳及冬毛生长期尤为重要。特别是饲喂哺乳育成期的仔狐狸时，饲料要注意微量元素和维生素的补给。一旦发病，主要是对症治疗，防止感冒和其他继发症的发生。

十二、狐狸尿结石

狐狸尿结石是指狐狸肾脏、膀胱及尿道内出现矿物质盐类沉淀。狐狸的尿结石多发于刚断乳后、发育比较好的、出生日龄比较早的幼龄狐狸，公狐狸多于母狐狸。

病因：甲状腺机能亢进，外伤性骨折，长期服用磺胺类药物和吃青菜过多都可引发该病。长期饲喂含磷、钙高或钙磷比例不当的饲料，维生素 A 缺乏可导致该病。炎热干旱的季节，出汗多而水分补充不足，泌尿系统炎症引起的尿潴留和蓄积，尿液碱化后析出盐类，精料过多，蛋白质含量过高，导致营养不平衡，而引起该病。

症状：该病的发生过程较慢，多在5~7月间表现症状。病初表现不安，不食，排尿频繁并有痛苦状，甚至排血尿。病后期后肢麻痹，腹部臌胀，触诊腹部可摸到膨大的膀胱，下腹部被毛潮湿。剖检时可见到肾脏、膀胱或输尿管内有细砂样乃至蚕豆大的结石，膀胱结石发生较多。结石周围组织呈炎性变化，或有出血，或有溃疡病灶。

病理剖检变化：多数尿结石死亡的狐狸尸体营养状态良好，腹部被毛尿湿，腹部比较膨满。病变主要表现在泌尿生殖系统。肾脏及输尿管肿大而充血，甚至有出血点。膀胱因积尿而膨大，膀胱中有黄豆粒大或数10个高粱米粒大的结石，重量有0.1~10.0克，形状多为椭圆形，表面光滑，乳白色或乳黄色。膀胱浆膜面充血出血呈紫红色，切开膀胱有多量浓茶水样尿液流出。膀胱黏膜出血，坏死，可见到1至数个结石，大小不等，高粱米粒大至黄豆大，乃至扁豆粒大。

诊断：根据病狐狸的临床症状和病理剖检变化可确诊。

生前临床诊断：断乳初期发现尿湿的幼龄狐狸可以抓住，触诊下腹部，如膨满，腹围比较大，叩诊有鼓音则可诊断为结石。

治疗与预防：无药物治疗方法，一般采取手术治方法取出结石。排石很难做到，因结石已在膀胱中形成而且比较大，堵塞了尿道，使尿液潴留导致尿中毒。

狐狸进入断乳期要及时调整饲料，给断乳仔兽易消化、新鲜的饲料，多给一些鲜牛奶或奶粉之类的乳品。饲料要稀一点，饮水要充分。也可以在饲料中加一点氯化铵，防止钙沉着。狐狸饲喂 1 000 单位/天的维生素 A，饲料中添加充足的微量元素。适当控制含钙饲料，保证充足饮水。口服乌洛托品 0.2 克、氨苯磺胺 0.1～0.2 克、小苏打 0.2～0.3 克，1 次/天，连用 3 天。口服双氢克尿塞 0.5 片，1 次/天，连用 3 天。肌注青霉素钠 80 万单位、地塞米松 2 毫克、安痛定 0.5 毫升，三者混合，2 次/天，连用 3 天。

十三、狐狸黄脂肪病

狐狸黄脂肪病又称脂肪组织炎，是指狐狸患有脂肪代谢障碍病，临床上以全身脂肪组织发炎、渗出、黄染、肝小叶出血性坏死、肾脂肪变性为特征。

病因：动物性脂肪，特别是鱼类脂肪含不饱和脂肪比较多，极易氧化、酸败、变黄、释放出霉败酸辣味，分解产生鱼油毒、神经毒和麻痹毒等有害物质。这些脂肪在低温条件下也在不断氧化酸败，所以冻存时间比较长的带鱼、油扣子等含脂肪比较高的鱼类饲料更易引起狐狸急（慢）性黄脂肪病。此外饲料不新鲜，抗氧化剂维生素加的不够，也可发生该病。

症状：在繁殖季节可导致母狐狸发情不正常、不孕、胎儿吸收、死胎、流产、产后无乳，公狐狸利用率低、配种能力差等。急性病例突然死亡，大群狐狸食欲下降、精神沉郁、不愿活动，出现下痢，重者后期排煤焦油样黑色稀便，进而后躯麻痹，腹部或会阴尿湿，常在昏迷中死亡。狐狸黄脂肪病一般多以食欲旺盛，发育良好的幼龄狐狸先发病致死。仔狐狸断乳分窝以后，8～10月多发，急性经过，发现不及时，可造成大批死亡；成年狐狸多为慢性经过，经常出现剩食、消瘦，不愿活动、尿湿等症状，易与阿留申病混淆。老龄狐狸常年发生，慢性经过，多以散发，主要表现尿湿，治疗不及时死亡。

病理剖检变化：尸体皮肤剥开皮下脂肪组织黄染多汁，皮下有出血点，淋巴结肿大。胸、腹腔有水样黄褐色或黄红色胸腹水。大网膜和肠系膜脂肪呈污黄色多汁，肠系膜淋巴结肿大，肝脏肿大呈土黄色或红黄色，质脆易破裂，组织像消失，典型脂肪肝、肾肿大、黄染、三界不清。胃肠黏膜有卡他性炎症，附有少量黏液状内容物或褐红色的内容物，直肠有少量煤焦油样黏稠的稀便。

慢性病例，尸体消瘦，皮下组织干燥、黄染不明显，肝浊肿，呈粉黄红色或淡黄色，质硬脆，切面组织像不清楚。肾被膜紧张，光滑易剥离，肾实质灰黄色或污黄色，胃肠有慢性卡他性炎症。

诊断：根据病狐狸的临床症状和病理剖检变化可确诊。触诊病狐狸鼠蹊部两侧脂肪，手感呈硬猪板油状或绳索状。

治疗与预防：发现此种情况，应立即停喂变质霉败的动物性饲料，调整饲料成份，加喂维生素E。大群狐狸应有重点的逐个检查，用手摸下腹部两侧和鼠蹊部的脂肪肿块（猪板油状或绳索状）的变化或有下痢症状的，进行治疗。

病狐狸每天每头分别肌肉注射维生素E或复合亚硒酸钠维生素E注射液0.5～1.0毫升，复合维生素B注射液0.5～1.0毫升，青霉素1.0万单位，持续给药7～10天，同时要改变饲料，给新鲜易消化的全价饲料。饲养者视肉类饲料质量不佳，要加喂一些维生素 E 和硒之类的添加剂减少此病的发生。

第七节　狐狸常见中毒病及防治关键技术

一、狐狸肉毒梭菌毒素中毒

狐狸肉毒梭菌毒素中毒是梭状芽孢杆菌属肉毒梭菌产生大量外毒素，污染肉类或鱼类等动物性饲料，狐狸采食后导致其发病。该病没有季节性，一年四季均可发生。该病突然发生，不分年龄、性别均易感，病死率高达100％。

病因：肉毒梭菌广泛分布于自然界中，主要存在于腐败变质的肉类、鱼类等饲料中，可以产生大量的外毒素。当狐狸等肉食类动物采食后即可发生中毒。该病危害较大，国内外均有发生。自然发病主要是动物采食死鼠等腐尸及被腐败物污染的饲料时，而感染发病。动物食入肉毒梭菌后，造成毒素吸收，引起中毒症状。一般夏季炎热时期发病率较高。

症状：该病潜伏期一般在 2 小时至几天。发病时间与采食的有毒物质的量有关，采食得越多，发病越早，症状也越重。病狐狸表现精神萎靡，结膜发绀，运动不灵活，躺卧，不能站立，肌肉进行性麻痹，常由后躯向前躯进行性发展，对称性麻痹，反射机能降低，肌肉紧张度降低，出现共济失调或全瘫，体温不高。随病程发展，呼吸困难，流涎或口吐白沫，下颌下垂，吞咽困难，瞳孔散大，视觉、呼吸障碍，大小便失禁，出现血便、血尿，最后昏迷或窒息死亡。少数病例可看到呕吐、下痢。有的无明显症状即突然死亡，死前呈阵发性抽搐。

病理剖检变化：死亡狐狸尸身营养状况良好，咽喉和会厌表面覆盖黄色麸皮样物，黏膜有点状出血。脑膜及延脑充血、出血。心脏扩张，心包积液，肺充血水肿呈红色。肝表面粗糙不平，色淡黄或土黄；肾脏被膜易剥离，皮质部有出血点或淤血点；脾肿大，淤血、出血、质脆易碎，有大小不一的坏死病灶。胃肠空虚或有少量内容物，胃肠黏膜发生卡他性炎症病变，肠浆膜有出血点。膀胱麻痹充满尿液。淋巴结充血、质软。

诊断：根据肉毒梭菌的流行病学特点，病狐狸的临床症状和病理剖检变化可初步诊断，进一步确诊需进行实验室检查。

实验室诊断：将饲料或胃肠内容物做 1：2 稀释。放在钵中研磨，浸入 1 ~ 2 小时，滤过备用。选择健康豚鼠为实验动物，第 1 组投给滤过液 10 ~ 12 毫升，第 2 组投给 100℃的检样做对照。如第 1 组豚鼠发病死亡，第 2 组不发病死亡，即可确诊。因 100℃条件下 30 分钟可破坏该毒。

鉴别诊断：狐狸肉毒梭菌中毒临床症状与伪狂犬病相似。但患伪狂犬病的狐狸的瞳孔眼裂缩小，斜视，公狐狸阴茎麻痹，呼吸困难，在饲喂屠宰场猪的下脚料后 3 ~ 5 天发病。开始病势不急，经 2 ~ 3 天后死亡迅速增加，到 3 ~ 4 天达最高峰，再经 2 ~ 3 天死亡下降。为进一步鉴别，可将病死狐狸的脑和肺，在无菌条件下制成 10 倍悬液，以健康的兔子为实验动物肌肉注射，经4～7天后，出现典型瘙痒，将注射部位咬破为伪狂犬病症状，而肉毒梭菌毒素中毒无此症状。

治疗与预防：由于该病有来势急、死亡快、群发等特点，一般来不及治疗，也无好的治疗方法。特异性治疗可采用同型阳性血清治疗，效果较好。对症治疗一般采取强心利尿，皮下或腹腔注射5%葡萄糖注射液。

注意饲料卫生检查，自然死亡的动物肉或尸体最好不用，特别是死亡时间比较长的尸体最危险，如果实在要利用，一定要经高温煮沸后再用。对该病污染的疫区要提高警惕，加强消毒措施。狐狸群可接种肉毒梭菌类毒素，效果更好，一次接种免疫期可达3年之久。最常用的是C型肉毒梭菌菌苗，每次每头注射1毫升。

二、狐狸棉籽油、棉籽饼中毒

狐狸棉籽油、棉籽饼中毒是指狐狸长期或大量摄入含游离棉酚（毒性成分）的棉籽油或棉籽饼而引起的中毒病，临床上以胃肠炎，贫血和全身水肿为特征。

病因：在棉籽油和饼中含有有毒物质棉酚，由于加工方法不同，会使游离棉酚含量增加，冷榨的油和饼游离棉酚含量高，狐狸采食后会发生中毒。急性致死的直接原因是血液循环衰竭；亚急性致死是因为继发性肺水肿，而慢性中毒死亡多因恶病质和营养不良。

症状：病狐狸精神沉郁，食欲逐渐下降，剩食，有的出现呕吐。病狐狸呈现出血性胃肠炎，血尿，蛋白尿，血红蛋白尿，贫血，全身水肿，心衰，肺水肿，视力障碍（夜盲）和佝偻病（因缺乏维生素 A 和钙）。大群狐狸食欲不振，剩食，不愿活动；有的出现轻度黄染贫血，拉稀；有的排煤焦油样便。母狐狸发情不好，或不发情，公狐狸性欲低，配种能力下降等。

病理剖检变化：主要是肝脏受损、肿大、增生、硬化、黄染，呈脂肪肝样。腹水增多，呈黄色；胃肠黏膜有卡他性炎症。脾和淋巴结充血出血，心包积水，心内外膜有出血点，心肌和骨骼肌变性，胎儿发育不良，仔狐狸生命力弱，大小不等。

诊断：根据病狐狸的临床症状，病理剖检变化以及饲料中含有棉籽油的多少，可初步怀疑棉酚中毒，特别是棉籽未经热处理的冷榨棉籽油更为可疑，可进一步检查测定棉酚的含量。

治疗与预防：立即停止饲喂棉籽油或棉籽饼，病狐狸注射 5% 葡萄糖注射液和 B 族维生素（复合 B 注射液最好）注射液。应停止饲喂含毒棉籽油或棉籽饼，加速毒物的排出；采取对症治疗的方法，饲喂棉籽油或棉籽饼时，应先经加热处理，去除棉籽油或棉籽饼中的毒物后再合理利用。由于铁能与游离的棉酚形成无毒的复合体，故在饲喂棉籽油或棉籽饼的同时，应补喂硫酸亚铁，按日粮中游离棉酚量 1∶1 加入饲料中。

三、狐狸大葱中毒

狐狸大葱中毒是指狐狸在繁殖期间，为促进或提高狐狸的配种能力，在饲料中加入一定量的大葱作为催情饲料，由于剂量不当，会引起狐狸急性中毒，临床上以血尿和贫血为特征。

病因：大葱超量添加于饲料中可使狐狸中毒。正常喂量每只狐狸每日饲喂量不超过 10～15 克，实验证明每只狐狸每日饲喂大葱 30 克以上，可引起慢性中毒，70 克引起急性中毒，90 克即可致死。

症状：急性中毒狐狸，食欲废绝，排红色或红棕色的尿液，发生溶血性贫血；慢性病例精神沉郁，被毛蓬乱，频频排血尿，站立不稳，全身有节奏的抖动，饮水增加，食欲废绝，两眼紧闭，眼角内有眵，结膜黄白色，发生溶血性贫血。

病理剖检变化：急性死亡的病狐狸营养状态良好，皮下组织有一定量脂肪沉着，黄染，肝脏肿大，呈土黄色，质地脆弱，切面外翻，流出少量酱油样血液，脂肪性营养不良；肾脏肿大，呈黄褐色，被膜下布满针尖大紫黑色出血斑。

诊断：根据在配种期内饲料中添加大葱的记录，并结合病狐狸的临床症状可确诊。

治疗与预防：一旦发生大葱中毒，立即停喂大葱。对病狐狸采取对症疗法，强心、补液，在饲料中加一定量白糖或一些绿豆水，亦可应用抗氧化剂维生素 E。

四、狐狸亚硝酸盐中毒

狐狸亚硝酸盐中毒是指青绿饲料，特别是叶菜类饲料堆放或浸泡时间过长，其中的硝酸盐会转变为亚硝酸盐，饲喂狐狸后引起中毒。亚硝酸盐可引起急性中毒、慢性中毒和致癌。临床上以腹泻、呕吐和血液呈鲜红色为特征。

病因：硝酸盐对胃肠黏膜有刺激作用，引起急性胃肠炎，吸收的亚硝酸盐进入血液，把血红蛋白氧化成为高铁血红蛋白，失去携氧能力，造成动物全身组织缺氧。其次，亚硝酸盐还能引起血管扩张，导致外周血液循环障碍。慢性中毒时，可引起母狐狸流产，增加狐狸对维生素 A 和 E 的需要量。硝酸盐和亚硝酸盐还会在体内争夺形成甲状腺素的碘，从而刺激甲状腺的代偿作用。亚硝酸盐与某些胺作用，可形成致癌物—亚硝胺，故长期接触可发生肝癌。

症状：狐狸亚硝酸盐中毒时，表现为突然死亡，白色狐狸皮肤呈青色，可视黏膜发绀。四肢无力、步态摇晃，流涎、腹痛、腹泻和呕吐。血液褐变，凝固不良。神经系统机能紊乱，肌肉战栗，步态摇晃，全身痉挛，角弓反张，死前有阵发性惊厥，蹦跳而死。也可出现流产、虚弱、分娩无力、受胎率低、步态拘紧、发育不良、增重慢、维生素 A 缺乏、甲状腺肿等症状。

病理剖检变化：特征性变化是血液呈黑红色或咖啡色，似酱油样，凝固不良，暴露空气后，转化成鲜红色，胃肠黏膜充血，肝脏淤血肿大，其他器官黏膜有小出血点，全身血管扩张。

诊断：狐狸有采食不新鲜蔬菜或青绿饲料的历史。结合狐狸的临床症状，剖检血液凝固不良，呈黑红色或咖啡色，暴露空气后转变成鲜红色，可初步确诊该病。进一步确诊需进行实验室检查。

格利斯法（Grieess 氏法）：此法对亚硝酸盐有特异性，灵敏度为0.01微克。试剂分甲液与乙液：甲液是0.5克氨基苯磺酸，溶于150毫克20%冰醋酸中（稍加热溶化），贮于有色瓶中；乙液是0.2克甲萘胺溶于150毫升20%冰醋酸中，贮于有色瓶中。此两液放入冰箱中可用一周。检验时，可选取食物、呕吐物化验，亦可取尿、腹水、羊水、脊髓液、眼房液、血清等进行测定，取样少许置于试管中，加甲液和乙液各2～3滴。如有亚硝酸盐即显紫红色，依颜色深浅可粗略地判定其含量（表8－1）。

表8－1　溶液颜色与亚硝酸盐含量的关系

溶液颜色	刚刚显微红色	淡玫瑰红	玫瑰红	鲜玫瑰红	深紫红色
亚硝酸盐含量（毫克/升）	<0.01	0.01～0.1	0.1～0.2	0.2～0.5	>0.5

亦可用固体试剂。配方是：0.1克甲－萘胺，1.0克对氨基苯磺酸，8.0克酒石酸，研细混匀，保存于有色瓶中。检验时，取5.0毫升被检液，加混合试剂少许（约米粒大小），若出现红色，表示有亚硝酸盐存在。

鉴别诊断：亚硝酸盐急性中毒的临床症状与氢氰酸中毒类似，但后者中毒初期血液呈鲜红色（需要注意的是，氢氰酸中毒的后期血液亦呈暗红色），为了鉴别，可取血用分光镜检查高铁血红蛋白，其吸收光带在617～630纳米处，加入1%氰化钾1～2滴后，吸收光带消失。

治疗与预防：临床上用特效解毒药1%美蓝溶液，每千克体重1毫升，每日1次，连续3～5滴即可治愈切实做好菜类的采摘、运输和堆放等管理工作勿乱扔、乱踩、运输越快越好。堆放时，摊开散放。煮时要急火、大火，快煮，凉后即喂，不要小火焖煮。对堆放发热变黄的叶菜类，弃之不用。

五、狐狸毒鱼中毒

狐狸毒鱼中毒是指狐狸采食毒鱼而发生中毒，临床上以消化紊乱，中毒和后驱麻痹为特征。

病因：狐狸采食河豚鱼，繁殖期的青海湟鱼和新捕捞的巴鱼及一些鱼卵可引起中毒。

症状：少数狐狸食欲不振，剩食，进而出现大批剩食、消化紊乱，精神萎靡，中毒，不愿活动，喜卧，后驱麻痹等临床症状。急性中毒只能看到神经症状，抽搐而死，幼龄狐狸比老龄狐狸中毒严重。如果发生在妊娠期后果更严重，可造成妊娠中断，出现死胎、烂胎现象。

诊断：根据有饲喂毒鱼的历史并结合临床症状可初步确诊，生物毒一般都很难测定，多采用敏感动物，通过生物学饲喂的方法来测定。

治疗与预防：立即停喂含有毒鱼的饲料，调整狐狸群的饲料成分，饲喂新鲜无毒、适口性好的动物性饲料。中毒较重的病狐狸采取强心补液措施。饲喂海杂鱼的养狐狸场，要尽量把毒鱼、河豚之类的鱼挑拣出来。饲喂青海湟鱼时应熟喂。新捕捞上来的青鱼和巴鱼要贮存一段时间让其中的一些酶类熟化、衰败、毒性消失。

六、狐狸食盐中毒

狐狸食盐中毒是指狐狸采食的饲料中食盐含量过高所致，临床上以神经症状和消化紊乱为特征。食盐中毒分为群发和散发，狐狸食盐中毒在狐狸饲养中比较常见。

病因：由于计算失误，或者加量不准，调料不认真，添加食盐时不按科学规程执行，不用衡器称量而凭经验估计导致加量失误；饲料中含盐量多，而添加食盐时没有计算在内；饲料中含盐量高，脱盐不彻底（有的鱼粉含盐量高），狐狸群饮水不足等，都能造成食盐中毒。群发是由于饲料中加盐过多；散发是由于调料时食盐没有搅拌均匀所致。

症状：狐狸吃入过量的食盐，胃肠受到刺激，导致胃肠充血、出血、发炎，颅内压增高，引起脑血管组织损害和神经症状。组织中逐渐积聚钠离子，引起慢性中毒，脑组织钠离子积聚，引起脑水肿。而吃入食盐量正常时，神经组织出现酸性细胞浸润性脑膜脑炎。此外，肠道吸收食盐后，血浆渗透压增高，细胞外液氯化钠浓度随之增高。引起细胞内液水分外渗，导致组织脱水。

病理剖检变化：尸僵完整，口腔内有少量食物及黏液，肌肉呈暗色。主要变化是胃肠道黏膜充血和肥厚，肺、肾和脑血管扩张、充血。个别病例心内膜、心肌、肾及肠黏膜有出血点。

诊断：根据病狐狸的临床症状可初步诊断。

治疗与预防：发现中毒后立即停喂现有饲料，加强饮水

（少量多次给水）。对不能饮水的狐狸，可用胃管给水。为了维持心脏功能，可注射强心剂，皮下注射10% ~20%樟脑油0.12~0.15毫升，也可皮下注射5%葡萄糖注射液5~10毫升。为缓解脑水肿，可皮下多点注射高渗葡萄糖溶液。为了促进毒物的排出，可用双氢克尿塞和石蜡油。为缓和兴奋性和痉挛发作，可用溴化钾或硫酸镁注射液解痉。

为防止食盐中毒，要严格掌握毛皮动物饲料中食盐的添加量和标准，加盐要准确。饲喂海杂鱼和淡水鱼时，添加盐要有区别。往饲料里加盐，最好加盐水（计算好浓度）在混合料里好调制，容易搅拌均匀减少中毒的危险。食盐量高的鱼粉或鱼制品要很好的浸润脱盐饲料搅拌要均匀。

七、狐狸有机氯杀虫剂中毒

狐狸有机氯杀虫剂中毒是指狐狸采食被有机氯杀虫剂污染的饲料和饮水而出现的中毒性疾病，临床上以神经症状为特征。有机氯杀虫剂的残毒较强，近年来，国内外都先后控制或停止生产残毒毒性较高的有机氯杀虫剂品种。

病因：引起狐狸中毒的有机氯农药种主要有碳氯灵、狄氏剂、异狄氏剂、艾氏剂、硫丹、毒杀芬、开蓬、六六六（已禁生产）滴滴涕（禁止使用）、七氯、氯化松节油、氯丹等。由于草、料、水被污染、误食、误饮而引起狐狸中毒。饲养场周围果树喷农药灭虫，挥发出的药味，特别是熏烟剂，常引起狐狸中毒。在治疗体表寄生虫时，由于涂药的面积过大，皮肤吸收或动物舔食被毛而中毒。人为投毒也可导致狐狸中毒。

症状：狐狸主要表现兴奋性增强。兴奋性增强的程度与中毒的程度，个体反应机能等因素有直接关系。急性病例，神经症状明显，发生越频繁，且持续时间较长者，病期多半较短，1～2天死亡。可视黏膜发红，呼吸困难，伴发不同程度的发绀，卧立不安、惊慌、乱碰乱撞，行动不自主，不时地出现阵发性全身痉挛。一旦发作，多突然摔倒在地，呈现角弓反张姿势，四肢乱蹬，眼睛频频闪动，这些症状可多次反复发作，其间歇期越短，则表示病情越重，或病已达到后期。有的病例在发作期，常因呼吸困难衰竭而死。

慢性病例症状不甚明显，表现为精神不佳，逐渐消瘦，食欲减退。大多数病狐狸病程长达10天左右，预后不良，如果能及早排除毒物，预后良好。轻者精神沉郁，食欲多半废绝，局部肌肉（例如肘后、股部等肌肉）震颤、眼睑闪动，呆立不动。

病理剖检变化：病程长的慢性病例，病变明显，体表淋巴结肿大、水肿、各器官黄染。肝脏肿大，质地较硬，肝小叶中心坏死，胆囊肿大。脾脏大2～3倍，质地变硬。肾肿大，包膜剥离困难。胃黏膜充血，肠黏膜出血、卡他性炎症。

诊断：根据该病发生的原因，病狐狸的临床症状和病理剖检变化可确诊，在必要情况下进行实验室化验。

治疗与预防：首先应断绝毒物进入动物体的各种可疑途径（如饲料、水或其他可疑的线索）。经消化道中毒者，可催吐、洗胃、缓泻等。经皮肤中毒者，应立即用清水或碱水（当六六六、滴滴涕中毒时）彻底清洗体表，尽早除掉附在毛上的毒物，以防继续吸收，加深中毒过程。为缓解中毒，促进毒物及时排除和增强机体抗病能力，可选用生理盐水，复方氯化钠，葡萄糖注射液。

对症疗法：如需缓解痉挛症状，可用镇静剂。此外，可考虑应用强心剂。禁用肾上腺素制剂，因有机氯毒性作用下的心脏，对肾上腺素非常敏感，易诱发心室颤动，促使病情加重。农药应放在专用库房，不得与饲料同库共贮。喷洒过有机氯杀虫剂的蔬菜类、农作物、牧草等，在 1~1.5 个月之内禁用。用于治疗外寄生虫病时，应遵守规定浓度、用量和用法，严禁滥用。

八、狐狸有机磷杀虫剂中毒

有机磷杀虫剂中毒是指狐狸误食有机磷杀虫剂，或有机磷杀虫剂污染的饮水和饲料而引起的中毒性疾病，临床上以流涎、腹泻和肌肉痉挛等为特征。

病因：有机磷杀虫剂是一类毒性较强的接触性农药，动物中毒主要是由消化道引起的，少数病例是经过皮肤吸收或呼吸道引起的。

采食或误食喷洒过有机磷杀虫剂不久的蔬菜、牧草等，特别是食入喷药后未被雨水冲刷过的饲料，中毒更为严重。用敌敌畏灭蝇，致使室内饲料加工用具受到污染，而造成大批狐狸死亡和中毒。误食拌过或浸过有机磷杀虫剂的种子，也能引起狐狸中毒。水源被有机磷杀虫剂污染，引起狐狸中毒。违反使用、保管有机磷杀虫剂的安全操作规程，如同一库房保存农药和饲料或在饲料库内配制农药或拌种等，会引起中毒。

症状：狐狸中毒时，病初胸前、会阴出汗，很快全身出汗。体温多升高，呼吸困难。呼吸迫促、流涎、口吐白沫、全身无力。精神兴奋，前冲后退，无目的奔跑，狂暴不安，以后高度沉郁，甚至昏迷。眼球震颤，瞳孔缩小。全身肌肉痉挛、震颤，重则抽搐，角弓反张，或做游泳动作。口腔湿润或流涎，腹痛不安，肠音增强，肛门松弛，并排出带有黄绿色的稀便。有的后躯麻痹，尿失禁，最后痉挛而死。甚至排粪失禁，有时出现血便或黏液样便。病初严重病例心跳急速，脉不感手，常常伴发肺水肿，有的因窒息而死。

病理剖检变化：经消化道急性中毒者，胃肠内容物具有有机磷杀虫剂的特殊气味（马拉硫磷、甲基对硫磷、内吸磷等中毒胃肠内容物为蒜臭味；对硫磷中毒，是韭菜味和蒜味；八甲磷中毒有胡椒味等）。气管内常有白色泡沫存在，肺充血，肿大，心内膜有形状整齐的白斑。肝、脾肿大，肾脏混浊肿胀，被膜不易剥离，切面为淡红色，三界不清。胃肠黏膜充血、出血、肿胀、并多半呈暗红色或暗紫色、黏膜层易剥脱。

亚急性病例，各实质器官发生混浊肿胀，肺淋巴结肿胀，出血。肝发生坏死，胆囊肿大出血。胃肠黏膜发生坏死性炎症，肠系膜淋巴结肿大，黏膜下和浆膜有散在的出血点和出血斑。

诊断：依据有机磷农药接触病史和病狐狸临床症状，并结合尸体剖检时消化道内容物散发蒜臭味的特征，可初步诊断为有机磷农药中毒。紧急时可做阿托品治疗性诊断。通过对全血胆碱酯酶活力测定，化验室检查饲料、饮水、胃内容物中是否存在有机磷杀虫剂，或采取尿液检查其分解产物可确诊。

治疗与预防：立即停止喂、饮可疑有机磷污染的饲料和水，并将狐狸转移到通风良好的未发病笼舍或适宜的地方。经皮肤或口中毒者，立即应用微温的1%肥皂水或4%碳酸氢钠溶液，洗涤皮肤，灌服或洗胃，灌肠。因多数有机磷脂类均易在碱性溶液里分解失效，故可用1%醋酸（或食醋）洗涤皮肤，然后用清水冲洗或洗胃、灌服。如果是对硫磷中毒，严禁用高锰酸钾溶液洗胃。因其能使对硫磷氧化成毒性更强的对氧磷。

防止毒物继续吸收，促进毒物排出。灌服人工盐，也可以达到缓泻之目的，严禁用油类溶剂，尤其不能用各种植物油类。常用等渗葡萄糖生理盐水注射液，复方氯化钠注射液或5%葡萄糖注射液，大剂量注射。为防止发生肺水肿，输液速度不宜过快（或采取先快后慢的办法）。目前应用在兽医临床上的特效解毒剂主要为阿托品，另一类为胆碱脂酶复活剂，它可使已经磷酰化的胆碱脂酶恢复成能够水解乙酰胆碱的药物。如解磷定、氯磷定、双解磷等。认真保管好农药，喷洒过农药的田地，7天之内狐狸不得进入，不得以蔬菜饲喂狐狸；按规定的用量，应用有机磷杀虫剂治疗动物寄生虫病和灭蝇除蛆等。

九、狐狸磷化锌中毒

狐狸磷化锌中毒是指狐狸食入磷化锌污染的水或饲料而引起的中毒性疾病，临床上以消化不良、呼吸困难、腹痛为主要特征。

病因：狐狸主要因误食毒饵或污染磷化锌的饲料而中毒，也可因误食磷化锌中毒的鼠尸而发生中毒，也可因啄食中毒死亡动物的胃肠内容物而中毒，也可因人为投毒引起狐狸的中毒。

症状：狐狸食入磷化锌后，常在15分钟至4小时之内，出现中毒症状。首先表现为厌食和昏迷、呕吐和腹痛。呕吐物有蒜味，在暗处可呈现磷光。病狐狸有时发生腹泻，排泄物中混有血液、亦具有磷光。病狐狸呼吸迫促，有时伴随有喘鸣声或鼾声。全身衰弱，共济失调，心跳缓慢，尿中有红细胞，蛋白和管型（又称尿圆柱）。病狐狸初期有过敏症状，痉挛发作，呼吸极度困难，张嘴伸舌，昏迷而死。狐狸中毒后多在3~4小时死亡。幸存狐狸约需一周方可恢复。

病理剖检变化：狐狸肺脏显著充血，间叶水肿，胸膜出血、渗血，肝、肾极度充血；亚急性病例，肝苍白有黄斑，胃内容物有蒜味，消化道黏膜充血、出血和黏膜脱落。

诊断：根据接触磷化锌的病史，病狐狸的临床症状如呕吐物有大蒜样臭味、呕吐物或粪便在暗处发磷光等，并结合病狐狸的病例剖检变化可初步诊断。通过对胃肠内容物或呕吐物进行磷化锌检验可确诊。

治疗与预防：磷化锌中毒尚无特效疗法，并采用强心、利尿、补液等支持疗法。病初可用5%碳酸氢钠溶液洗胃，亦可灌服0.2%～0.5%硫酸铜溶液。为制止酸中毒，可静脉注射葡萄糖酸钙或葡萄糖酸钠溶液。10%硫代硫酸钠溶液静脉注射，进行解毒。亦可静脉注射等渗葡萄糖溶液进行解毒。应加强毒鼠药的保管使用，冷库、饲料库、饲料加工车间，不得用毒鼠药灭鼠，对毒饵及中毒死亡的鼠尸及时进行处理。

十、狐狸铅中毒

狐狸铅中毒是指狐狸长期处于铅暴露环境中，过量的铅在体内蓄积，引起神经系统，造血系统、消化系统、泌尿系统和心血管等系统损伤的中毒性疾病。临床上以神经机能紊乱、胃肠炎和贫血为特征。

病因：食入或吸入含铅物质而引起中毒。狐狸食入刚喷洒过含铅农药的蔬菜；舔食含铅油漆或颜料在炼铅厂附近饲养狐狸，因在冶炼时，有大量的铅蒸气排出，在空气中迅速变成氧化铅（PbO）细尘，狐狸通过呼吸道吸入，导致铅中毒；在公路两侧种植蔬菜或牧草，汽车排放的尾气可污染蔬菜或牧草，狐狸食入时可导致铅中毒。狐狸场用刚刷过铅油的笼子或小室（产箱）而引起狐狸急性中毒。

症状：铅中毒分为急性和慢性铅中毒，主要表现神经症状与消化功能紊乱。

急性铅中毒：多数狐狸呈现神经症状，多见步态摇晃，转圈，头颈震颤，口吐白沫，咬牙，感觉过敏，尖叫，惊厥，次日突然死亡。狐狸有时看不到症状就突然死亡。

慢性铅中毒：狐狸呈现精神沉郁，厌食、流涎、拉稀、妊娠中断，流产，死胎，幼龄狐狸生命力弱，产仔率下降。

病理剖检变化：急性中毒死亡的狐狸主要表现胃肠炎，肝脏色淡，肝小叶变性，脂肪性营养不良肾出血，充血。慢性铅中毒死亡的狐狸呈现营养不良，血液稀薄。脑水肿，大脑皮层中毒充血。心脏扩张，肝脏质脆，呈红黄色，十二指肠及胃黏膜脱落或有大小不等的溃疡灶。肾脏变性，肾小球囊增厚变性、肾小管上皮细胞变性，有明显抗酸性核内包涵体。慢性病例为肌肉苍白或呈煮肉样，皮下、气管黏膜出血，角膜炎和眼球出血等。层状脑皮质坏死，内皮核星形细胞增生，小神经胶质细胞积聚，软脑膜有部分伊红细胞浸润，核内有抗酸性包涵体。胸腺出血，膀胱炎。

诊断：根据狐狸接触铅或含铅日粮病史，病狐狸的临床症状和病理剖检变化，结合消化、神经机能障碍和贫血等症状可初步诊断。饲草料、血液、被毛、肝脏、肾脏和骨骼中铅含量的分析可为该病的诊断提供依据。

治疗与预防：铅中毒尚无特效疗法。急性中毒时，立即用10%硫酸钠洗胃，也可内服蛋清水或牛乳、豆浆等，之后再应用盐类泻剂，也可用催吐剂催吐，以促进铅排出。慢性中毒时应内服碘制剂，使已沉积于内脏的铅移动，并使之排出体外。解毒剂，可使用依地酸钙钠，有较好的缓解铅中毒效果。预防铅中毒应禁止狐狸与铅或铅的化合物接触；禁止笼子和小室内涂铅油，其他饲料用具也不要涂铅油；禁止饲喂被铅污染的饲料。

十一、狐狸龙胆紫醇溶液中毒

狐狸龙胆紫醇溶液中毒是指应用龙胆紫醇溶液处理狐狸的外伤时而发生的中毒性疾病，临床上以呕吐、流涎交替和神经症状为特征。

病因：在处理狐狸的外伤时，为了使创面干燥和预防感染而在伤口部位涂抹龙胆紫醇溶液。但是狐狸对龙胆紫溶液比较敏感，易引起狐狸中毒。

症状：病狐狸呼吸困难，病狐狸拒食、口渴、饮水量增加，呕吐、流涎交替出现。粪便呈黑黄色或煤焦油样，尿液深黄。后期黏膜发绀，肛门部皮肤糜烂。严重者呈现神经症状。

诊断：根据临床症状并结合使用龙胆紫溶液的治疗史可确诊该病。

治疗与预防：发现中毒时应立即冲洗掉伤口周围的龙胆紫醇溶液，并肌肉注射 0.3 毫升 25% 尼克刹米进行强心。也可口服 0.1% 高锰酸钾溶液 5.0~10 毫升氧化镁 1 份，鞣酸蛋白 1 份，活性炭 1 份混合后每只狐狸口服 1 克。20% 葡萄糖溶液 5.0~10 毫升，维生素 B_1 注射液 1.0~2.0 毫升，维生素 C 注射液 1.0~2.0 毫升混合后分点皮下注射。治疗狐狸外伤应禁用龙胆紫醇溶液。

十二、狐狸青链霉素合剂中毒

狐狸青链霉素合剂中毒是指在临床实践中应用青链霉素

合剂治疗狐狸疾病时而发生的中毒性疾病。临床上以过敏性死亡为特征。

病因：治疗狐狸疾病时注射青链霉素合剂的治疗是导致中毒病发生的主要原因，人为投毒也可直接导致中毒病的发生。

症状：发生过敏反应而导致死亡。

诊断：出现过敏性症状，并结合有使用青链霉素的治疗史即可确诊。

治疗与预防：治疗狐狸疾病时禁止使用青霉素和链霉素的混合液进行注射。但是，可以将青霉素和链霉素分开注射，对疾病进行治疗，以避免发生中毒性疾病。

第八节　狐狸常见普通病及其防治关键技术

一、狐狸胃肠炎

狐狸胃肠炎是指狐狸胃黏膜的急性卡他性炎症，临床上以胃肠机能紊乱和不同程度的自体中毒为特征。

病因：饲养管理不当；饲料质量不佳；采食有害物质（磷、砷、铅）和病原微生物（巴氏杆菌、副伤寒、犬瘟热、钩端螺旋体、传染性肝炎病毒等）。

症状：因病因而异，食欲不振、剩食、吃跳食（即有时吃，有时不吃）、呕吐，胃黏膜炎症程度越重，则呕吐次数越多。开始时吐出食糜，后则吐出泡沫样黏液和胃液，病变严重的可吐出混有血液，胆汁的黏膜样碎片，粪便呈黑色犹如烟袋油样或带血，出血性胃肠炎往往合并瘫痪症。

诊断：根据临床症状可初步诊断。

治疗与预防：如果发病率较高，应改善全群的饲料质量和卫生状况；如果是散发，个别的发生，就调整个别狐狸的食欲，给一些营养丰富、易消化、适口性强的肉、鱼、蛋等，投给消炎健胃的药品，增加维生素 C 和 B 族维生素。

二、仔狐狸消化不良

仔狐狸消化不良是指哺乳仔狐狸发生下痢，临床上以排黄色稀便为特征。世界各地都有发生，多发生于刚睁眼的仔狐狸。

病因：主要是母狐狸肠道疾患或乳腺疾病引起乳质不佳或不足而导致 1 周龄内仔狐狸发生下痢。仔狐狸消化机能很脆弱，在有害变质的乳汁和不良因素的影响下，很容易发生消化机能障碍。如用劣质饲料饲喂泌乳母狐狸，小室内垫草不足、潮湿不卫生、污染母狐狸的乳头可导致仔狐狸发病。

症状：仔狐狸腹部不饱满，叫声异常，肛门污染稀便，粪便液状，呈灰黄色，含有气泡。

病理剖检变化：肠管内有大量黄色液状内容物，胃内有食物残渣或凝乳块，充满气体，肠壁薄，肝脏常常呈黄色。

诊断：根据病狐狸的临床症状和病理剖检变化可初步确诊。

治疗与预防：该病虽然病死率不高，但应注意护理治疗，否则，也会造成仔狐狸死亡。首先根据病情对泌乳母狐狸进行适当的治疗。一般可通过母狐狸给药，即给泌乳母狐狸饲料中加入一定量的药物，通过母乳转给仔狐狸，达到治疗和预防的目的。加强母狐狸泌乳期饲养，保证给予优质、全价、易消化的饲料，注意产箱（小室）内的卫生，特别是仔狐狸开始吃食以后要注意产箱内的卫生和垫草的更换，及时除掉箱内的剩食和粪便。

三、幼狐狸胃肠炎

幼狐狸胃肠炎是指幼狐狸胃肠机能很弱，由吃母乳改为吃混合料时，很容易引起幼狐狸胃肠炎发生腹泻，出现大批死亡，临床上以腹泻为特征。多发生于刚断乳的幼狐狸。

病因：饲料质量不佳，新鲜程度不好。日粮比例不当，调制方法不合理、应激反应，卫生条件不良等，都可引起肠道菌群失调，导致腹泻。

症状：病初精神沉郁，可视黏膜苍白贫血，眼球塌陷，被毛焦躁，弓腰蜷腹，食欲减退。粪便不正常，出现拉稀，肛门及会阴被稀便污染。病狐狸有时出现呕吐，呈里急后重，严重者可出现脱肛现象。

病理剖检变化：尸体消瘦，可视黏膜苍白。急性经过者，胃肠黏膜有出血点或条状出血。肝脏浊肿，质地脆弱，捏之易碎。慢性经过者，肠壁菲薄。

诊断：根据病狐狸的临床症状及病理剖检变化，可以初步作出诊断。

治疗与预防：狐群出现腹泻时，应对全群投药预防。氟哌酸效果较好。治疗应选用庆大霉素，卡那霉素、琥珀氯霉素、乳酸环丙沙星、黄连素、磺胺脒等，结合维生素 B_1 或复合维生素 B 注射液对病狐狸注射或口服进行治疗。避免幼狐狸采食剩食，及时清洗消毒食具，保持狐狸舍内良好卫生，定期消毒，防止过食。

四、狐狸急性胃扩张

狐狸急性胃扩张是指狐狸采食之后发生胃扩张的疾病，临床上以腹围增大和腹壁紧张为特征。该病多发生于夏季。

病因：仔狐狸断奶以后，由于剩食而造成急性胃扩张。饲料质量不佳，酸败，饲料加工防腐不当；应该无害处理（高温煮沸）没有处理，使轻度变质的饲料进入胃肠内异常发酵，产酸产气造成胃扩张；饲料中某种成分应高温处理而没处理。如生酵母应熟喂，生喂狐狸易产生异常发酵造成胃扩张。过食，仔狐狸断乳分窝以后食欲特别旺盛，不管好坏都吃，所以吃入质量不佳的混合料很易在胃内产气，特别是炎热的夏季，最易发生这种病。继发于传染或普通胃肠炎，狐狸伪狂犬病胃扩张最为明显。

症状：狐狸采食后几小时之内即出现腹围增大，腹壁紧张性增高，运动减少或运动无力。腹部叩诊时鼓音明显，病程进展比较快。患病狐狸出现呼吸困难，可视黏膜发绀，胃穿刺有多量甲烷气排出。抢救不及时，很易自体中毒，窒息而死或胃破裂而死。当胃破裂时，气体游离到皮下组织内，触诊时有"哔卜音"。

病理剖检变化：病尸营养状态良好，腹围明显增大，可视黏膜发绀，有时从口腔中流出胃内的液体，腹壁紧张；皮下及黏膜充淤血、暗紫色；切开胃壁很薄，胃内有大量气体排出，胃内容物酸臭。胃破裂时在皮下组织有多量气体蓄积，在腹腔内有胃内容物，污秽不洁，有食物颗粒。肺通常充血，水肿。

诊断：根据病狐狸的典型临床症状和病理解剖变化，可初步确诊。伪狂犬病继发胃扩张，通过微生物试验可进行鉴别诊断。

治疗与预防：急性胃扩张抢救不及时很容易死亡。发现该病后，应以最快速度进行抢救，拖延时间即可发生胃破裂或窒息而死。

治疗使用鱼石脂酒精加石蜡油（也可用食用油），再加普鲁卡因及稀盐酸胃内注入（鱼石脂0.5克；95%酒精3毫升；石蜡油5毫升；水7毫升；普鲁卡因25毫升；10%稀盐酸3毫升，混合均匀）。注入方法：先用消毒过的9号针头穿刺胃内，缓缓放气（不要放的太快，以免休克），待气体排完后将吸有上述药液的注射器于穿刺针头结合好将药液注入胃内。待病狐狸症状缓解后，应禁食24小时之后给予流食，并控制饮水。

狐狸饲养场要严格执行兽医卫生管理制度，特别是夏季狐狸群转为一次饲喂时，要注意急性胃扩张的发生。在日粮中不能加入发酵或质量不好的饲料，饲料中的酵母和谷物一定要熟制，不能生喂。对笼内、小室、食板、食盆要清洗干净，清除笼内残余的饲料，适时单养。

五、狐狸感冒

狐狸感冒是指狐狸不均等受寒，引起的防御适应能力性反应，是全身反应的局部表现，是引起很多疾病的基础。该病多发生于雨后早春、晚秋，季节交替，气温突变的时候。

病因：气温骤变，使动物体发生一系列病理生理变化，是感冒的最根本原因。

症状：病狐狸表现精神不振，食欲减退，皮温升高，足掌有热，鼻镜干燥，剩食，不愿活动，多卧于小室内。两眼湿润有泪，睁得不圆，鼻孔内有少量水样的鼻液。

诊断：根据临床症状可作初步诊断。

治疗与预防：多用解热镇痛剂安痛注射液，为促进食欲，可用复合维生素 B 注射液或维生素 B_1 注射液。为防止继发症，可用青霉素等广谱抗菌素，剂量应根据动物体重换算用量，根据药品说明书用药。

六、狐狸急性卡他性鼻炎

狐狸急性卡他性鼻炎是指狐狸鼻黏膜的急性表层炎症，临床上以鼻黏膜充血和流鼻液为特征。

病因：原发性急性鼻炎是单纯由于感冒所引起得疾病。多发生在秋末、冬季和春初，尤其幼弱的动物易得。过敏性鼻炎是由粉尘、烟雾、花粉、真菌、农药、氨气、生石灰等异味刺激，机械损伤都可引发此病。继发性鼻卡他多伴随其他疾病而发生，例如犬瘟热病、鼻疽病、兔巴氏杆菌性鼻炎等都有鼻黏膜变化。

症状：发病初期鼻黏膜充血，水肿，流出浆液、黏液性或脓性鼻液。动物表现出频发喷嚏、摆头，并以前肢摩擦鼻子，病程一般 1~7 天症状逐渐减轻、消失，最后完全治愈。

诊断：根据临床症状可做初步诊断。

治疗与预防：加强狐狸场的卫生管理，及时除掉粪尿，笼下地面不要有过多的尿液蓄积，以免产生多量的氨气等有害气体。地面用生石灰粉消毒时，要在低处撒于地面上，不要扬，以免扬起石灰粉尘对狐狸健康不利。

七、狐狸气管炎

狐狸气管炎指狐狸的喉头、黏膜气管和支气管发生的炎症，临床上以气管炎和咳嗽为特征。

病因：幼小动物体质弱，营养状况不好，饲养管理不当可引起该病。由于寒冷潮湿、气温突变、浓雾天气的影响，有害气体的刺激，肺部疾患的波及等也可引起该病。

症状：急性气管炎，病狐狸呈现精神沉郁，战栗食欲减退，脉搏频数，呼吸困难，喘，发高烧，频频发咳，开始时干咳痛感，随着病程的发展变为湿性咳嗽。当细支气管受侵时，其咳嗽从开始就呈干性弱咳。鼻孔流出水样液体，黏液或脓性鼻液。

诊断：根据病狐狸的临床症状和实验室检查可确诊。

治疗与预防：改善饲养管理，狐狸饲喂新鲜全价易消化的饲料，注意通风，保持安静。肌肉注射青霉素，狐狸 10 万~

20万单位，每日注射2~3次，同时肌注维生素B_1和维生素C注射液，狐狸1.0~2.0毫升，每日一次。分泌痰多时，可口服氯化铵，狐狸0.05~0.1克。

八、狐狸小叶性肺炎

狐狸小叶性肺炎是指狐狸肺小叶或小叶群的炎症，临床上以弛张热为主，叩诊呈浊音和听诊啰音为特征，各种动物均可发生，而以幼弱及老龄动物多发，早春、晚秋气候多变的季节尤为多发。

病因：多为感冒和支气管炎发展而来，多由呼吸道微生物（肺炎球菌、大肠杆菌、链球菌、葡萄球菌、绿脓杆菌、真菌、病毒等）引起。但应强调的是，狐狸小叶性肺炎与其他动物一样，当机体抵抗力下降或支气管黏膜炎症，血液和淋巴循环紊乱等诱因影响下才会发生该病。

过度寒冷，小室保温不好，引起幼狐狸感冒，狐狸棚内通风不好，潮湿，氨气过大都会促进狐狸小叶性肺炎的发生发展。不正规的投药误咽引起异物性肺炎，犬瘟热病和巴氏杆菌病都继发该病。饲养管理不正规和饲料不全价都可导致动物抵抗力下降，引发小叶性肺炎。

症状：患病狐狸常卧于小室内，卷曲成团呼吸困难，呈腹式呼吸，每分钟呼吸达60~80次。体温高至39.5~41℃。弛张热（炎症蔓延时体温升高，炎症消退时体温降低），食欲废绝精神沉郁，鼻镜黏膜潮红或发绀，流出黏液性分泌物。胸部叩诊时部分肺有小浊音区而大部分肺有清晰的鼓音。听诊时在病灶部分呼吸音减弱，可听到捻发音。幼龄仔狐狸多半呈急性经过，看不到典型症状，叫声无力，长而尖，吮吸能力差，吃不到奶，腹部不膨满，很快死亡。成年狐狸也有此病发生，多数由于不坚持治疗而死亡病程 8～15 天，治疗不及时病死率很高。

病理剖检变化：急性经过的尸体营养状态良好，口角有分泌物，胸腔剖开，肺充血、出血。尤以尖叶为最明显，肺小叶之间有散在的肉变区（炎症区）切面暗红色有血液流出，支气管内有泡沫样黏液，心扩张，心室内有多量血液，器官黏膜，有泡沫样黏液。

诊断：根据病狐狸的临床症状及病理剖检变化可初步诊断，但是该病需要与大叶性肺炎进行鉴别诊断，进一步确诊需要进行实验室诊断。

小叶性肺炎：如有弛张热，短钝痛咳，胸部叩诊局限性浊音区，听诊有捻发音，肺泡音减弱或消失，可确诊为小叶性肺炎。

大叶性肺炎：病症突然发生，持续性高热（稽留热），严重咳喘，流铁锈色鼻液，剖检时全肺有红灰相间的肝变区，可确诊为大叶性肺炎。

治疗与预防：治疗该病的原则是，加强饲养管理，抑菌消炎，祛痰止咳及制止渗出和促进渗出物的吸收与排除。应用抗生素和磺胺类药物如青霉素、氨苄青霉素、链霉素、庆大霉素、阿莫西林、复方新诺明、诺氟沙星、环丙沙星、氧氟沙星磺胺嘧啶等都可以，剂量按药品使用说明书用药。祛痰止咳可用复方甘草合剂，可待因、氯化铵等。制止渗出和促进吸收，狐狸可静脉注射葡萄糖酸钙3.0～5.0毫升。

九、狐狸大叶性肺炎

狐狸大叶性肺炎是指肺脏的一个大叶，甚至一侧肺脏或全部肺脏的急性炎症过程，支气管及肺泡内充满大量纤维蛋白渗出物，临床上以高热稽留、铁锈色鼻液，肺部广泛浊音区为特征。

病因：一般分为感染性和非感染性两种。感染性的主要由肺炎双球菌、巴氏杆菌及链球菌引起该病。此外，动物体内源、外源的病原微生物，如绿脓杆菌、大肠杆菌、坏死杆菌、沙门氏菌、霉形体、肺炎球菌、葡萄球菌等对该病的发生也起着重要作用。狐狸受寒感冒、长途运输、通风不良、吸入刺激性气体等应激因素，都可诱发该病。

症状：狐狸突发持续性高热，呈稽留热。体温高达40～41℃，一般持续6～9天。呼吸困难，咳嗽短促，痛感而频发，3～4天有铁锈色鼻液流出。听诊时脉搏快而紧张，呼吸频数，严重气喘，间歇性痛咳，整个肺有湿啰音叩诊时整个肺呈现浊音区。

诊断：根据病狐狸的临床症状和实验室检查可初步诊断，但是需要与小叶性肺炎进行进行鉴别诊断。

小叶性肺炎：如有弛张热，短钝痛咳，胸部叩诊局限性浊音区，听诊有捻发音，肺泡音减弱或消失，可确诊为小叶性肺炎。

大叶性肺炎：如病症突然发生，持续性高热（稽留热），严重咳喘，流铁锈色鼻液，剖检时全肺有红灰相间的肝变区，可确诊为大叶性肺炎。

治疗与预防：治疗该病的原则是，加强饲养管理，抑菌消炎，祛痰止咳及制止渗出和促进渗出物的吸收与排除。应用抗生素和磺胺类药物如青霉素、氨苄青霉素、链霉素、庆大霉素、阿莫西林、复方新诺明、诺氟沙星、环丙沙星、氧氟沙星磺胺嘧啶等都可以，剂量按药品使用说明书用药。祛痰止咳可用复方甘草合剂、可待因、氯化铵等。制止渗出和促进吸收，狐狸可静脉注射葡萄糖酸钙 3.0～5.0 毫升。

十、狐狸尿湿症

狐狸尿湿症是指狐狸泌尿系统疾病的一个症候，而不是单一的疾病。有很多疾病出现尿湿，如肾炎，膀胱炎，尿结石，阿留申病，黄脂肪病等都出现尿湿症。此病多发生于 40～60 日龄幼狐狸。

病因：由于饲养管理不当，饲料不佳引起的代谢病和泌尿器官的疾病原发或继发尿湿症。

症状：公狐狸下腹部及脐部尿湿，母狐狸会阴部及股内侧被毛湿漉漉的，严重的尿湿部位脱毛，皮肤湿疹，潮红。继发阿留申病和黄脂肪病的病狐狸出现可视黏膜苍白，贫血。重者也有全身症状，如食欲减退，精神沉郁等，排尿过程中尿流不直射，尿淋漓，走路蹒跚。如不及时治疗原发病，病狐狸逐渐衰竭而死。

诊断：根据临床症状可初步确诊。

治疗与预防：根据原发病进行对症治疗和病因疗法。为防止感染可以应用抗生素类的青霉素，土霉素等，如果病狐狸有黄脂肪病应用复合亚硒酸钠维生素 E 注射液，剂量根据说明书使用，连用 3 ~ 7 天。为促进食欲每天注射 1.0 ~ 2.0 毫升维生素 B_1 注射液。局部用 0.1% 高锰酸钾溶液冲洗尿渍，并将毛擦干，勤换垫草，保持窝内干燥。

十一、狐狸流产

狐狸流产是指狐狸妊娠中、后期，妊娠中断的一种表现形式，是狐狸繁殖期的常见病。

病因：饲养管理原因，如饲料不全价、不新鲜、轻度发霉变质，饲料突变，大群拒食，外界环境不安静等诸多因素，都可引起流产。妊娠中、后期由于胎儿比较大，胎儿死亡，母体不能吸收，就表现流产。

症状：狐狸多发生隐性流产，看不到流产胎儿，但有时在笼网的地面上能看见残缺的胎儿，恶露。母狐狸剩食，食欲不好。

诊断：根据病狐狸的临床症状可初步诊断。

治疗与预防：对已发生流产的母狐狸，要防止子宫内膜炎和自体中毒。可肌肉注射青霉素，狐狸 10 万 ~ 20 万单位，每天两次连续 3 ~ 5 天；食欲不好的注射复合维生素 B 或维生素 B_1 注射液，肌肉注射 1.0 ~ 2.0 毫升。对不全流产的母狐狸，设法防止继续流产和胎儿死亡，常用 1.0 ~ 2.0 毫升复合维生素 E 注射液注射狐狸，0.1 ~ 0.2 毫升 1% 的孕酮。在整个妊娠期饲料要保持恒定，新鲜全价，卫生。狐狸场内要安静，防止意外惊扰及鞭炮声，不要有其他动物串进。

十二、狐狸难产

狐狸难产是指狐狸在无辅助分娩的情况下，分娩发生困难，不能将胎儿顺利娩出体外的疾病。

病因：雌激素，垂体后叶素及前列腺素分泌失调，孕狐过度肥胖或营养不良，产道狭窄、胎儿过大、胎位和胎势异常等都可导致难产。

症状：母狐狸已到预产期并出现了产仔预兆，时间超过24小时仍不见产程进展。母狐狸表现不安，来回走动，呼吸急促，不停地进出产箱，回视腹部，努责，排便，有时发出痛苦的呻吟，后躯活动不灵活，两后肢拖地前进，从阴部流出分泌物，病狐狸不时地舔舐外阴部，有时钻进产箱内，蜷曲在垫草上不动，甚至昏迷，不见胎儿产出。

诊断：根据预产期母狐狸的临床症状可初步诊断。

治疗与预防：对于胎位异常的母狐狸，需要通过人工助产，然后注意给母狐狸注射葡萄糖、VC 等补充体液。先用消毒药液做外阴部处理，然后将胎位导正，再用甘油做阴道内润滑剂，将胎儿缓缓拉出。如果母狐狸产仔时间过长，就应该考虑使用催产的药物，如肌注脑垂体后叶素（催产素）0.1～0.2 毫升（或肌注 0.05% 麦角固醇 0.1～0.5 毫升）。在使用催产素后，产仔仍然不正常的，就只有实施剖腹产手术，以挽救母狐狸和胎儿生命。

十三、死胎、烂胎、母仔同归

狐狸妊娠中后期，由于某种原因引起怀孕母狐狸妊娠中断，特别是妊娠后期，出现大群剩食或拒食。母狐狸妊娠前期妊娠中断胎儿很小易被母体吸收。到妊娠后期胎儿死亡，母体吸收不了，造成流产，或是烂在母体子宫内造成组织胺中毒，母狐狸自体中毒引起败血症而死亡，即母仔同归。

病因：在母狐狸整个怀孕期饲喂的饲料质量不佳，轻度变质，或饲喂库存时间较长的鱼类饲料，或饲喂肉联厂含有一些腺体的下脚料如鸡头、兔头等，易引起此病。慢性间接的饲料中毒，特别是棉籽油中棉酚对生殖有危害，有的地区用棉籽饼补充鸡饲料中的蛋白，鸡吃了以后在蛋白中留有棉酚残毒，怀孕母狐狸长期食用这种鸡蛋受害，母狐狸流产，死胎，空怀不产仔。

症状：预产期后延，狐狸群不活跃，食欲不好，怀孕症候消失，腹围回缩变小，产仔情况不好，产弱仔，仔狐狸生命力弱，发育不正常，到产仔后期出现母狐狸死亡，流产胎儿发生糜烂。有的肚大，死胎腐烂在子宫内。

病理剖检变化：母仔同归的母狐狸腹腔剖开，两子宫角内有发育不均等的死胎，烂胎，有时子宫角破溃，胎儿腐败，腹膜泛发性炎症，糜烂，潮红，出血。其他器官，充血、淤血，污秽不洁，出现败血症现象。

诊断：根据母狐狸流产，死胎以及产仔情况可以确诊。

治疗与预防：从大群着手，调整狐狸群的饲料，给予适口性强的新鲜饲料，挽救母狐狸使其不继续发生流产、死胎。为防止败血症的发生可肌肉注射抗生素和维生素 B_1 注射液，狐狸肌肉注射青霉素 10 万 ~20 万单位，维生素 B_1 和维生素 C 各 1.0 ~2.0 毫升。阴道有分泌物排出者可以用 0.1% 高锰酸钾水溶液冲洗母狐狸怀孕期间严格控制饲料质量，饲料要恒定，新鲜全价。搞好防疫，预防疾病感染。

十四、狐狸乳腺炎

狐狸乳腺炎是指母狐狸泌乳期乳腺的急慢性炎症。

病因：产仔初期发炎是因乳管堵塞或仔狐狸生命力弱，吸吮能力不强或仔狐狸死亡，致使乳汁长时间滞留于乳腺中引起乳腺炎，也有因仔狐狸较多，乳汁不足常咬伤乳头引起发炎。

症状：患病母狐狸徘徊不安，拒绝仔狐狸哺乳，常在产箱外跑来跑去，有时把仔狐狸叼出产箱，仔狐狸不发育腹部不饱满，叫声无力触诊母狐狸乳腺，热、痛、硬、肿胀。病情严重的母狐狸有全身症状，食欲减退，体温升高等。

诊断：根据母狐狸的临床症状和仔狐狸发育情况可初步诊断。

治疗与预防：初期冷敷，每个乳头结合按摩排乳，在乳腺两侧用 0.25% 普鲁卡因稀释青霉素进行封闭，每侧注射 3.0 ~5.0 毫升，并全身注射青霉素 30 万 ~40 万单位。并注射复合维生素 B 和维生素 C1.0 ~2.0 毫升，仔狐狸可以让其他母狐狸代养。

十五、狐狸产后母狐狸缺乳或无乳

母狐狸产后缺乳或无乳是指狐狸妊娠期间饲养管理不当而造成乳汁减少或无乳汁。

病因：该病主要是妊娠期饲养管理不当，造成初产和老龄母狐狸营养缺乏，个别病例与遗传因素、激素分泌紊乱、隐性乳腺炎等有关，特别是新养殖户和饲料匮乏地区，饲料使用不规范，不按标准饲喂，缺乏必要的蛋白和脂肪，造成缺乳或无乳。

症状：母狐狸产后缺乳或无乳。

诊断：根据临床症状可初步确诊。

治疗与预防：改善狐狸的饲养管理，增加饲料中促进泌乳的肉、蛋、奶，稠度要稀一些。给母狐狸注射催产素，狐狸 30 微克，一般注射见效，个别的第 2～3 天再注射一次，如果配合地塞米松使用效果更明显。此外对体瘦弱母狐狸可口服中药通乳散。

搞好妊娠期的饲料供给，没经过生产检验的饲料不要喂，一旦造成不良后果无法挽救。此外在繁殖期要舍得投入饲料，但妊娠母狐狸也不宜养的过肥。

十六、狐狸日射病

狐狸日射病是指狐狸头部，特别是延髓或头盖部受烈日照射过久，脑及脑膜充血而引起的疾病。

病因：炎热的夏季烈日照射头部和躯体过久，此病多发于夏日中午 12 点至午后 3 点，狐狸棚遮光不完善或没有避光设备。

症状：病狐狸突然发病，精神沉郁，步伐摇摆及晕厥状态，有的发生呕吐，头部震颤，呼吸困难，全身痉挛尖叫，最后在昏迷状态下死亡。

病理剖检变化：尸体营养状态良好，脑及脑膜血管充盈明显可视，即高度充血和水肿，脑切开有出血点或出血灶，胸膜腔比较干燥，充血，淤血，肺充血，心扩张，有的出现肺水肿。肝，脾，肾充血，淤血，个别的有出血点。

诊断：根据病狐狸的发病季节和时间，临床症状和病理剖检变化可以确诊。

治疗与预防：发现狐狸患此病后，应立即把病狐狸放到通风良好，阴凉处，头部施行冷敷或冷水灌肠。心脏机能不全的狐狸可肌肉注射维他康复 0.2 ~ 0.3 毫升，皮下注射 5% 葡萄糖盐水 10.0 ~ 20.0 毫升分多点注射，发病地点或兽场内降温，往地上浇凉水。或往兽笼上喷凉水降温。进入盛夏狐狸场内中午要有专人值班降温防暑喷水，受光直射的部位要做好遮光，使狐狸多饮水。

十七、狐狸热射病

狐狸热射病是指狐狸暴露在温度比较高、湿热，空气不流通的环境下，体温散发不出去而蓄积体内乏氧所引起的疾病。临床上以体温升高，循环衰竭，呼吸困难，中枢神经机能紊乱为特征。

病因：局部小气候闷热，空气不流通，动物体温散发不出去，过热而死。此病多发于长途车、船、飞机运输和小气候闷热，空气不流通的笼舍或产箱内。

症状：出现体温升高，循环衰竭及不同程度的中枢神经机能紊乱，缺氧，呼吸困难，大汗淋漓，可视黏膜发绀，流涎，口咬笼网张嘴而死。接近分窝断乳时，由于产箱（或小室）内湿热，母仔同时死在窝内。

病理剖检变化：多于热射病变化一样。详见日射病病理变化。

诊断：根据发病季节和时间，所处的环境，病狐狸的临床症状和病理剖检变化可以确诊。

治疗与预防：发现此情况立即把病狐狸散开，放在通风良好，阴凉处，强心，镇静。长途运输种狐狸要有专人押运，及时通风换气天热时饲养员要经常检查产仔多的笼舍和产箱，必要时把小室盖打开，盖上铁丝网通风换气以防闷死，产箱内垫草要经常打扫更换，炎热的晚上让更夫或饲养员把狐狸赶起来，运动运动，通风换气。

十八、狐狸脑水肿

狐狸脑水肿又叫大头病，常见于狐狸新生仔狐狸，临床上以后脑显著肿大，似鹅头为特征。

病因：脑水肿是一种遗传病，当这种致死性状的劣性基因巧合时，则在仔狐狸发生该病。单方具有此基因者，可以隐性遗传方式传给下一代。

症状：在检查初生仔狐狸时可以发现狐狸头大的典型症状，后脑头盖骨高，后脑明显突出如鹅头状，触诊肿胀部柔软，有波动感仔狐狸萎靡不振，日渐消瘦，吸吮能力差，发育落后很快死亡。

病理剖检变化：当把脑剖开后，从脑腔中流出大量液体，脑实质受压迫偏向一侧，头盖骨软化，向外弯曲。当液体流出后，脑腔留下很大的空洞。其他器官未见特征性变化。

诊断：根据病狐狸的临床症状和剖检变化可初步诊断。

治疗与预防：该病一般不能治愈，转归死亡。一般情况下，仔狐狸出生后死亡被母狐狸吃掉，不易被发现。防止近亲交配，母狐狸和公狐狸交配之后，仔狐狸患有此病的，需将其亲本淘汰。

第九节　狐狸其他疾病及防治关键技术

一、狐狸皮肤真菌病（脱毛癣）

皮肤真菌病或称表皮真菌病，是指小孢子霉菌属皮肤癣菌，侵染狐狸表皮及其被毛、爪、角质所引起的人兽共患的真菌性皮肤传染病。临床上以癣斑和脱毛为特征。一年四季都有发生，潮湿的夏秋两季多发。无年龄、性别之分，但以幼狐狸较易感染。

病因：该病主要通过接触传染，患病动物是该病的传染源，病菌主要附着在毛发、鳞屑、痂皮和患部组织内，并可随落屑、折断的被毛排放到外界环境中接触携带此种细菌的动物或人可感染该病。也可通过被污染的用具、笼舍、吸血昆虫虱、蚤、蝇、螨等传播。狐狸养殖舍温度高、潮湿、阴暗、污秽不洁、动物营养不良、被毛不洁皆可诱发该病；维生素缺乏，特别是维生素 C 不足时可促使该病发生。

症状：病狐狸面部，耳部及四肢皮肤发生丘疹、水泡、形成圆形、椭圆形、轮状或不规则的癣斑，表面附有石棉板样的鳞屑，被毛脱落有的癣斑中央部开始痊愈长毛，而周围继续脱毛，呈现轮状癣斑，严重者病变蔓延至大部分躯体，皮肤发生红斑隆起，有的结痂或化脓，病狐狸瘙痒不安，食欲减退，逐渐消瘦、贫血、生长发育弛缓。

诊断：根据皮肤癣菌的流行病学特点和病狐狸的临床症状可初步确诊该病。进一步检查需进行实验室检查。

真菌检查包括伍兹灯照射，显微镜检查及培养试验。

伍兹灯照射试验：伍兹灯照射能产生波长 366 纳米的紫外光荧光灯，在暗室内照射被毛，被感染者发出黄绿色乃至蓝绿色荧光，可作为诊断依据。出现蓝绿色银光为犬小孢子菌，石膏状小孢子菌感染时很少见到荧光，须发癣菌无荧光出现。

显微镜检查：在病狐狸病灶的边缘采集被毛、鳞屑、痂皮等病料，置载玻片上，加数滴 10% 氢氧化钾溶液，加温，标本透明后，覆盖玻片，镜检，可见分枝的菌丝及各种孢子。

真菌染色法：用乳酸石炭酸棉蓝染液，滴于载波片上，加入病料混合，再盖上盖玻片镜检。染液配方：石炭酸（结晶）20 克，乳酸 20 毫升，甘油 40 毫升，棉蓝 0.05 克，蒸馏水 20 毫升。将乳酸、石炭酸及甘油溶解于蒸馏水中（可加热溶解）再加入棉蓝即可。

患部拔下的毛，用氯仿处置后，若有真菌感染，毛变成粉白色。

培养法：将病料接种于加抗生素的萨氏培养基上，在24～37℃下培养1～4周，将培养出的菌落再进行分离培养，然后对菌种进行鉴定。

动物接种法：常用豚鼠和家兔，用病料作皮肤擦伤感染，经7～8天出现炎症，脱毛或癣痂者，判为阳性。

治疗与预防：病狐狸应及时隔离治疗，病狐狸的笼舍可用5%硫酸石炭酸热溶液（50℃）或5%克辽林热溶液（60℃）消毒。局部治疗时将病狐狸局部残存的被毛、鳞屑、痂皮剪除，用肥皂水洗净，涂以克霉唑软膏或益康唑软膏、癣净等药物。全身治疗时可内服灰黄霉素，每日25毫克/千克至30毫克/千克体重，连服3～5周，直到痊愈。也可以用内服伊曲康唑治疗，10毫克/千克体重，每天1次，连用3周。平时加强狐狸场内和笼舍内的卫生，饲养人员注意自身的防护，防止感染。患皮肤霉菌病的人不要与狐狸接触。

二、狐狸念珠菌病

念珠菌病是指狐狸感染真菌中的念珠菌而引起的一种人兽共患皮肤真菌病，临床上以皮肤或黏膜上形成乳白色凝乳样病变和炎症为特征。高温潮湿季节多发，幼狐狸比成年狐狸发病率高。

病因：狐狸接触寄居于健康动物和人皮肤和黏膜上，粪便污染的土壤、饲料和水中的病菌而感染。狐狸的念珠菌病主要由内源感染所致，当机体营养不良，维生素缺乏，饲料低劣，长期应用广谱抗生素或皮质类固醇或患其他疾病而使机体抵抗力降低时，均易感染发病，也可通过接触传染。

症状：病变常发生黏膜或爪部折叠处，形成一个或多个小的隆起软斑，表面覆有黄白色假膜假膜剥脱后，露出溃疡面。有的跖部肿胀，趾间及周围皮肤皱襞处糜烂，有灰白色和灰红色分泌物，有的形成瘘管，后期常有 1~2 个趾甲甚至全爪溃烂脱落，趾部露出鲜嫩肉芽。病原菌侵入肺部时，病狐狸精神沉郁，食欲减退或拒食，体温升高，咳嗽、呼吸困难。

诊断：根据念珠菌的流行病学特点和病狐狸的临床症状可初步作出诊断，进一步确诊需进行实验室检查。

镜检法：取病变部位刮取物或痰液、渗出物等做涂片，如果是皮屑、稠痰、假膜等，则需加 10% 氢氧化钾溶液，在火焰微微加热，助溶，然后以低倍镜观察。用革兰氏染色法或瑞氏染色，可见念珠菌为卵圆形，薄壁，有芽生酵母样细胞，有时可见菌丝及芽生孢子。

真菌培养法：将病料接种于沙氏培养基上，放室温下或 37℃ 中培养，然后检查典型菌落中的细胞和芽生假菌丝。白色念珠菌在玉米培养基上或其他分生孢子增生培养基上，能产生厚垣孢子，这一点是重要的鉴别标志。

动物接种法：将病料制成 1% 混悬液或纯培养物，对家兔进行静脉注射（接种）剂量为 1 毫升，经 3~5 天被接种兔死亡，剖检可见肾脏肿大，在皮质部散布许多小脓肿。如果耳部皮内接种，40～50小时局部形成脓肿。

血清学检查法：免疫扩散试验，乳胶凝集试验和间接荧光抗体试验，对全身性念珠菌病的诊断有一定的价值。

治疗与预防：应用制霉菌素（多聚醛制霉菌素钠）片，三苯甲咪唑或两性霉素B。同时给予青霉素、链霉素预防继发感染。制霉菌素片（每片50万单位），每次内服一片，1日3次，连用10天以上。局部病变涂制霉素软膏或5%碘甘油每日2次或3次。加强饲养管理，注意饲料的科学搭配，提高狐狸群的抵抗力，避免长期使用广谱抗生素和皮质类固醇，搞好环境卫生，定期消毒。

三、狐狸隐球菌病

狐狸隐球菌病是指狐狸感染新型隐球菌而引起的全身性真菌感染，临床上以全身性真菌感染和肺部感染为特征，但是症状通常不明显。

病因：健康狐狸接触患病狐狸，因接触被隐球菌污染的饲料和饮水而感染该病。

症状：该病主要侵害脑神经系统和鼻窦，肺部感染也常见，但因症状不明显而被忽视。此病临床症状多种多样，常为上呼吸道、皮肤、眼、或中枢神经系统症状。一般为神志不清，呕吐不止；有的精神错乱，摇头摇尾，不停旋转；有的行为异常，运动失调；有的感觉过敏，视觉障碍。肺部受侵害时，连声咳嗽，鼻腔流出浆液性、脓性或出血性鼻漏，鼻和鼻窦旁有囊状病灶，呼吸困难，胸部疼痛。病狐狸还出现弱视，抽搐，甚至意识障碍，少数病例出现隐性肺炎症状。

病理剖检变化：中枢神经系统变化，常见于脑部冠状切面的灰质部分，可有许多小囊状灶，并可见有光泽而增厚的脑膜。如细胞反应明显，则脑膜与皮质黏着，部分病例的脑膜及脑实质出现肿瘤样肉芽肿，蛛网膜下腔有黏液性渗出物。肺部病变可有少量淋巴细胞浸润，肉芽肿形成以至广泛纤维化，在肺纤维性干酪样结节内可见到坏死灶。

诊断：根据隐球菌的流行病学特点和病狐狸的临床症状可初步确诊，进一步确诊需进行实验室检查。

直接涂片镜检：取脑脊液、脓汁、痰、粪、尿、血、胸水和病变组织涂片，加一滴墨汁染色，盖上盖玻片。镜下检查可见圆形壁厚，菌体直径 4 ~ 12 微米。外圈有一透明光厚膜，孢子出芽，孢子有一较大的发光颗粒的真菌，即可确诊。

真菌培养：将病料接种于葡萄糖蛋白琼脂培养基上，在37℃下培养 2 ~ 5 天，即可生长。菌落为酵母型，初为乳白色细菌样菌落，呈不规则圆形，表面有蜡样光泽，菌落增厚，由乳白色奶油色转变为橘黄色，表面逐渐发生皱褶或放射状沟纹。

接种动物：小白鼠对本菌最敏感，将病料悬液或培养物接种于小白鼠腹腔，尾静脉或颅内，小白鼠在 2 ~ 8 周内死亡。从病料取样可检出本菌。

血清学试验：补体结合反应、凝集试验、间接荧光抗体试验，可用于该病诊断。

治疗与预防：预防该病首先要加强饲养管理，防止发生外伤。发现患病狐狸应立即隔离。可选用两性霉素 B 与氟胞嘧啶、克霉唑、酮康唑、益康唑等治疗。体表病灶可用外科的办法彻底根除病变组织，以防复发。侵害大脑、脑脊髓的病例，多转归死亡。

四、狐狸钩端螺旋体病

狐狸钩端螺旋体病是指狐狸感染致病性钩端螺旋体而引起的人兽共患的急性传染病，临床上以黄染和出血性素质为特征。该病虽然一年四季都可发生，但以夏秋季节多发，而以7—9月最多发，不同地区常呈现不同的流行形式。此病多发生于40~60日龄幼狐狸。

病因：狐狸接触病狐狸和耐过动物可导致该病发生。鼠类和野生动物可携带钩端螺旋体而造成该病传播。该病主要经消化道感染，配种时通过阴道也能感染。由于该病病原最终定位于肾脏，所以尿液在该病的蔓延扩散上有重要作用。如尿液接触破伤的皮肤和黏膜就可以感染该病，如尿液污染了饲料和水源将造成该病的传播。地面积水是促成该病的流行条件。

我国南方水稻地区野栖的鼠类是主要的传染源。鼠粪尿污染田水，健康狐狸接触污染水时最易感染发病。北方地区猪是主要传染源，多在夏秋季节洪水泛滥后，洪水冲刷猪粪尿污染水源，健康狐狸接触污染水，而感染发病。

症状：急性病例，无明显的临床症状，突然发病死亡。

慢性病例主要表现为精神沉郁，食欲减退或废绝，渴欲增强、狂饮，体温升高，心跳加快，排黄色稀便。有的出现呕吐、呼吸加快，反应迟钝，两眼睁的不圆，倦怠，后躯不灵活，眼结膜苍白。口腔黏膜亦有此变化或黄染，出现坏死或溃疡灶。病的后期体温不高，贫血明显，可视黏膜黄染、不洁，表现出血性素质。严重的后肢瘫痪，尿湿，排出煤焦油样稀便，转归死亡。

病理剖检变化：病狐狸可视黏膜苍白，发绀、污秽黄染。内脏器官充血，淤血，或有出血点，肺脏最为明显。肝脏肿大呈黄土色，皮下组织亦黄染。肾脏肿大，有出血点。胃肠黏膜有卡他性炎症，或出血性肠炎变化。

诊断：根据钩端螺旋体的流行病学特点，病狐狸的临床症状和病理剖检变化可作出初步诊断。进一步确诊需进行实验室检查。

血液直接镜检：在病狐狸发病初期应采取血液抗凝，3 000转/分，离心30分钟后，吸取沉淀物，制成压滴标本进行暗视野检查，可见到活动的钩端螺旋体。但应注意与血液中的正常丝状体相区别。

无热期或病的后期应采取脑脊液直接压滴标本检查：在高烧期菌血症时脑脊液中有菌体。采取脑脊液可与血液同样方法处理，制成压滴标本，进行暗视野检查。

尿液压滴标本检查：取尿液少许制成压滴标本镜检。如果将尿液离心集菌，其检出率更高。

肝、肾组织悬液直接镜检：取肝、肾组织制成1：5～1：10悬液，经1 500转/分离心5～10分钟，取沉淀物制片检查。

血液直接培养：在无菌条件下采取发病早期的血液，每管培养者内滴入2～3滴，立即摇匀以防凝固，接种后置38℃

温箱中，培养观察 1 个月，每周检查一次。

脑脊液培养：采菌血症时期或发病 14 日内的脑脊液，接种于柯托夫培养基内，摇匀，置38℃温箱中培养观察 1 个月。此法检出率高。

尿液直接培养法：无菌取尿液离心，取沉淀物，每管培养基内滴入 5～10 滴，培养观察 1 个月。

动物接种：取新鲜血液、尿、肝、肾或胎儿等无菌材料制成悬液进行腹腔注射 1.0～3.0 毫升。逐日测温，称重，第一周内，应隔日采心血，进行分离培养。如不发病，也可采取血清或迫杀取肝、肾等组织进行凝溶试验及分离培养。

血清学诊断：动物感染后，于发病早期血清中即出现特异性抗体，且迅速升高，长期存在。该病的血清学诊断，即能用于诊断，又能用于检疫或菌型鉴定。常用的有凝集溶解试验，补体结合试验，平板凝集和间接血凝试验等。

治疗与预防：狐狸每天60 万单位青霉素或链霉素分 3 次肌肉注射，配合维生素 B_1 注射液和维生素 C 注射液，各1.0～2.0 毫升，分别肌肉注射，一天一次。轻症病例，连续治疗 2～3 天，重一点的 5～7 天可以痊愈。大群用抗生素预防性投药。加强卫生防疫制度，场内不能过于潮湿和积水存在。做好防鼠工作，老鼠的危害不仅是毁坏谷物饲料，而且更重要的是携带很多疾病和传染病。保护水源，避免雨水或洪水流进去。

五、狐狸附红细胞体病

狐狸附红细胞体病是指附红细胞体寄生于狐狸的红细胞表面或血浆中而引起的一种人畜共患传染病，该病多为隐性感染，临床上以黄疸、贫血和发烧等症状为特征。

病因：该病在夏、秋季节多发，因为这个季节蚊、蝇及吸血昆虫猖獗，由于它们的叮咬可以造成该病的传播。该病可以单独发生，某些传染病或某些应激情况下导致机体抵抗力下降时而易发生该病。

症状：附红细胞体在病狐狸的血液中大量繁殖，破坏红细胞，病狐狸表现发烧，体温升高41℃以上，食欲不振，拒食，偶有咳嗽、流鼻涕、可视黏膜（眼结膜、口腔黏膜等）苍白、黄染，机体消瘦，严重者排血便，最终转归死亡。

病理剖检变化：尸体消瘦，营养不良，被毛蓬乱，可视黏膜苍白、黄染，血液稀薄，肝黄染、质脆，肾有出血点。

诊断：根据病狐狸的临床症状和血液学检查可确诊该病。

采新鲜末梢血管血或心血滴加在载玻片上，加等量的生理盐水，用牙签混匀，加上盖玻片，于高倍油镜下观察，发现红细胞上附着多少不等的附红细胞体，许多红细胞边缘不整而呈轮状、星状及不规则的多边形等，游离血浆中的附红细胞体呈不断变化的星状闪光小体。在血浆中不断地翻滚和摇动，可确诊为狐狸附红细胞体病。

血液涂片用姬姆萨氏染色镜检，可见红细胞上的附红细胞体呈蓝紫色有折光性，外围有白环。大小不一，直径为

0.25～0.75 微米。每个红细胞上附着的数目不等，少者几个，多者 10～20 个。

治疗与预防：病狐狸用盐酸土霉素注射液，15 毫克/公斤体重，肌肉注射。血虫净 3 毫克/千克至 5 毫克/千克体重，生理盐水稀释后，深部肌肉注射；同时注射四环素剂量 5 毫克/千克至 10 毫克/千克体重，也可用阿维菌素，辅助治疗，可以注射维生素 B、C 以及铁的制剂。附红细胞体对庆大霉素，甲硝唑、喹诺酮、通灭等药物也敏感。搞好卫生，消灭场地周围的杂草和水坑，以防蚊、蝇滋生。减少不应有的意外刺激避免应激反应和机体抵抗力下降，而导致该病的发生。大群注射疫苗时，注意针头的消毒，以防由于注射针头而造成疫病的传播。鸡、猪、牛及其他动物副产品做饲料时必须熟制后再用。

六、狐狸自咬症

狐狸自咬病是指狐狸啃咬自己的尾巴或躯体某一部位的被毛和肢体，而造成皮张破损或死亡。临床上以自咬身体某一部位为特征。狐狸自咬症的发生没有明显的季节性，一年四季均有发生，但以春、秋两季为多，特别是秋季换毛期最常见。在 2—8 月呈不规则发生，9 月天气潮冷时，发病率上升，11—12 月达最高峰，可延续到翌年 1 月。

病因：该病发病原因目前尚不清楚。狐狸自咬症在配种产仔期发生频率较高，其发病率通常表现为母狐狸明显高于公狐狸，育成狐狸高于成年狐狸，标准狐狸高于彩狐狸，仔狐狸从 30～45 日龄即可出现感染发病。狐狸营养缺乏导致其发生自咬；狐狸感染寄生虫，导致其发生自咬；狐狸发生肛门腺堵塞也可发生自咬；应激反应也可引起狐狸发生自咬；也有人认为是一种慢病毒引起的病毒性隐性传染病。该病的发生还受很多因素影响，如饲料是否全价，饲料新鲜度好坏、动物性饲料比例高低、场内环境好坏、小气候干湿度如何、有无意外噪音、血缘关系怎样，是否近亲等都左右该病的发生率。

症状：狐狸呈慢性经过，反复发作，很少死亡。发作时狐狸自咬尾巴或躯体的某一部位，多数咬自己的尾巴和后躯，拂晓和喂食前后患病狐狸在笼内或小室内转圈，撵追自己的尾巴，咬住不放，翻身打滚鲜血淋漓，吱吱呻叫，持续 3～5 分钟或更长时间，听到意外声音刺激或喂食前再发作自咬，一天内多次发作，反复自咬，尾巴背侧血污沾着一些污物形成结痂呈黑紫色。轻者将自身的被毛啃咬的残缺不全或将全身的针毛和柔毛咬断，或将尾巴下 1/3 尾毛啃光，呈小拇指头样和棒状。

病理剖检变化：自咬死亡的尸体，一般比较消瘦，后躯被毛污积不洁，自咬部位有外伤，狐狸多数是尾巴背侧有新鲜的咬伤，附有血污，陈旧性咬伤尾部背侧附有较厚的血样结痂，很少有化脓现象。有的被毛残缺不全。内脏器官变化多数呈败血症变化，充血，淤血，或出血。慢性自咬死亡的狐狸胃黏膜有喷火样的溃疡灶。

诊断：根据自咬症发病特点和临床表现即可作出初步诊断。但应和伪狂犬病、李氏杆菌病相鉴别。

患伪狂犬病的狐狸也表现自咬，发作时病狐狸奇痒，且尽力舔，以致造成局部无毛或皮肤破溃，严重时也表现自咬，但其病原为伪狂犬病病毒，是一种以发热、奇痒及脑脊髓炎为主症的急性传染病。

狐狸患李氏杆菌病发作时表现尖叫，兴奋、抑制交替进行，出现共济失调，同时出现神经质的自咬行为。而患自咬症的狐狸经常是在无人情况下自咬肢体，不分黑夜和白天，均发出尖叫声。

治疗与预防：目前对该病尚无特效治疗方法，一般多采用镇静和外伤处理相结合的方法。用盐酸氯丙嗪0.25克，乳酸钙0.5克，复合维生素B 0.1克，研磨混匀，平分成2份混入饲料中饲喂，每只每次喂1份，每日喂2次。肌肉注射青霉素20万单位，防止继发感染。因螨病引起的自咬症，肌肉注射灭虫丁，强壮的狐狸每千克体重0.4毫升，体弱者0.2毫升，每隔4天注射1次，3～4次可治愈。对咬伤部位先清理创面，用剪子剪掉伤口周围的毛，用双氧水处理后涂上碘酊。夏季尤其应注意患部的防腐驱蝇，可适当涂些松节油。先拔去病狐狸的犬齿，用纸板做成一个宽约6厘米的围套，套在病狐狸脖子上，使病狐狸无法回头咬到自己的尾和腿。

该病没有特效防疫措施。饲喂的饲料要全价、新鲜，并添加足量的维生素和微量元素，在日粮中添加占饲料总量1%～2%的羽毛粉，可降低狐狸自咬症发病率。狐狸舍要具备适宜的温度、湿度、饲养密度和卫生条件。减少环境噪声和剧烈的外界刺激，禁止外界各种毛皮动物进入圈舍，笼舍定期消毒，特别是对于已发生过自咬症的毛皮动物，其使用过的笼舍要用消毒液彻底消毒，防止交叉感染。发现病狐狸早隔离，早治疗，建立种狐狸登记卡，凡有自咬症的病狐狸，到取皮期一律取皮，不能留作种用，以避免自咬症的发生。

第九章 **养狐场经济核算**

　　经济核算是对养殖企业经营过程中所发生的一切活劳动消耗和物化劳动消耗以及一切经营成果进行记载、计算、考查和对比分析的一种经济管理方法。经济效益是指人们从事经济活动所获得的劳动成果（生产效益）与劳动消耗（成本）的比较。经营和管理狐场的目标是为了获得经济效益，而经济核算则是狐场长期获得最大经济效益的基础。对狐场经济核算的结果进行科学分析，一定的消耗或占用的情况下，尽可能生产出符合社会需要的有效成果或者是在产出水平一定的情况下，尽可能减少成本，并适时做出正确决策是狐场提高市场竞争能力的重要措施。

　　狐场的成本核算就是对狐场生产的狐产品所消耗的人力和物力总和进行计算，即每获得一只狐的产品需要多少钱，或者每出生一只小狐需要多少钱。养狐场成本分为直接成本和间接成本。

第一节　养狐场生产效益的核算

一、狐场主营产品—狐皮

　　狐皮保暖性好、毛色美观，是制裘皮的高档原料，因而价格昂贵，是养狐场最主要的经济收入，狐皮的数量和质量决定着养狐场生产效益的关键。在狐皮的质量方面，受等级、类别、性别、毛色等诸因素的影响，价钱相差甚远。如一级皮的价格远高于等外皮的价格；公狐皮价格高于母狐皮；狐皮的类别、颜色也受到市场需求的影响而有差异。

二、狐场副产品的合理利用

狐狸全身都是宝，除了狐皮具有很高的经济价值外，狐副产品也具有很大的开发潜力，因此对狐副产品的合理利用可以产生更大经济效益。

狐油是性能极好的化工、化妆原料。狐油还具有食用营养价值和保健医疗价值，其中，不饱和脂肪酸等必需脂肪酸含量较高，据吴晓民等（1998）狐胴体脂肪的测定资料，狐脂肪中不饱和脂肪酸含量较高（63.56%），远高于猪（54%）、牛（44%）和羊（38%）。狐油中必需脂肪酸的含量为 14.34%，也远高于牛脂（5.2%）、猪脂（8.5%）和羊脂（2.8%），其中亚油酸含 12.8%，均高于牛、猪、羊脂，具有降低血脂、防止动脉硬化的作用。

狐肉细嫩、营养丰富，据常秀云（1998）等人的分析资料，狐胴体肌肉由 17 种氨基酸组成，其中谷氨酸、天冬氨酸和赖氨酸的含量较高。经加工后可食用，味道似狗肉，也可当做肉质饲料饲喂动物。

狐心、狐肺、狐胆均可入药。狐心有镇静、安神功效，可入药治精神失常、癫狂等症。狐肺有理气解毒的功效，主治肺脓肿、肺结核等症。狐胆有镇惊的功效，主治癫痫。

干粉饲料饲喂银黑狐排粪量可达 52 千克，粪氮可达；北极狐 108 千克，粪氮可达。

大量的粪尿氮排放是造成酸雨的增多、生态系统失衡、空气污染和温室效应等环境污染的一部分诱因，如果将养狐场大量排放的氮制作成有机肥料加以利用，不仅保护了环境，还可以增加收入。

狐脱落的毛发可收集经处理后制作成防寒用品。既轻便又保暖，每只狐一年能收集 50～80 克针、绒毛。

第二节　狐场生产经济效益的核算

影响养狐场经济效益的主要因素包括：①成品狐皮的数量；②平均每只狐狸皮价格；③出生仔狐的数量及成活率；④狐副产品的利用；⑤购置仔狐或种狐的数量和价格；⑥育成期和冬毛期饲养狐狸所消耗的饲料总量；⑦饲料价格；⑧劳务工资；⑨狐舍修建、场地利用费用、水电费用；⑩防疫保健费和治疗疾病费。综上所述 10 项，要想提高养狐生产的经济效益，一方面要通过科学饲养，增加仔狐的出生数量和成活率以及狐皮的质量和数量，也就是设法增大①至④项的收益；另一方面要改善经营管理和提高劳动效率，设法减小⑤至⑩项的开支。

在逐步规范的毛皮产业发展下，养狐场要想得到长足的发展，标准化、规范化的产出优质皮张将是制胜的法宝，如果把饲养水平降低到狐狸所必需的范围以下，靠供给低质单一的饲料来降低饲料成本而导致狐营养不良发育落后，皮张质量下降以及仔狐出生数量及成活率下降，是制约狐场发展提高经济效益的主要原因。

另外，还要不断提升养狐场饲养人员的技术水平，定期对饲养员进行科技培训，要实现科学饲养，主要还是依靠饲养员来实现，好的饲养员能成倍超产，而技术较低的饲养员连自己定额都完不成。

科学生产水平直接影响着经济效益的多少，因此养狐场要想低成本高产出的根本之路，在于科学地配制饲料，实现最大的饲料转化率，合理选种选配，创造条件逐步向规模化、作业机械化、标准化养殖方向发展。

第三节　提高经济效益的主要措施

提高养狐场经济效益的主要措施是降低成本和增加收入，即以最少的投入，换取最大的经济效益。这与合理的科学饲养管理、建立适合市场需求的高质量狐群及提高经营管理水平有直接关系。

一、降低成本的主要措施

●（一）降低饲料成本 ●

饲料是养狐业中最大支出项目。因此，科学地合理地利用饲料，是降低饲料成本的关键。在保证动物营养需求的前提下，要因地制宜地充分利用当地廉价资源，合理的利用如畜禽下杂、血、鸡架、小杂鱼等原材料，根据狐狸的不同时期饲养标准及时校正配制日粮。绝不能为了降低饲料成本，而忽略狐的营养需要，如狐的生长期的饲料没有达到营养需要，则使狐的发育受阻，预备狐达不到种狐标准，皮张达不到需要质量，反而降低了收益，造成经济损失。

廉价不等于低质，要保证原材料的品质，注意使用新鲜的卫生的安全的原材料。另外，加强饲料管理工作，应减少饲料在采购、运输、贮藏、加工过程中因数量和质量上的损失。如因管理失误造成饲料的变质，一定要舍弃，不能喂狐，否则影响狐的健康，会造成更大经济损失。

● （二）科学饲养 ●

在狐的疫病防治上，为减少医疗费用，贯彻以"预防为主，防重于治"的原则，发现疾病立即隔离观察，杜绝恶性传染病大面积发生的可能。加强养殖狐狸技术学习，及时吸收引进国内外先进的繁殖、饲养、营养等技术，提高产仔数量及成活率，毛皮质量以及营养物质的利用率。

● （三）提高劳动效率 ●

提高机械化水平（饲料加工、搅拌、分饲、剥皮、皮张加工等），推广和应用优选法和统筹法，制订工作人员岗位责任制或目标管理，并实行各种任务承包。

● （四）多种经营，综合利用 ●

养狐场应采用多种动物混合养殖，如可同时养殖水貂、貉等，以便饲料合理利用。如用貂和狐的剩食可喂貉。另外，冬季屠宰季节，在大型卫生条件好的场子，胴体可互作动物的饲料，降低饲料费，尽量保证同种同源动物之间饲喂。多种动物混合养殖还可以降低单一饲养的风险性。

有条件的中小型养殖兽场，在养狐的同时，充分利用当地自然资源，发展多种经营，如发展养兔、养奶山羊、养鱼、养鸡等；利用当地的饲草和农副产品喂兔、奶山羊等草食动物。用兔下杂、羊奶、鸡蛋补充狐的全价饲料，用狐粪养鱼，以小杂鱼喂狐，造成一个人为食物链，这也是降低成本的途径之一。

二、增加收入的措施

● （一） 提高产品数量和质量 ●

在饲养条件允许的情况下，增加狐的饲养总头数，使狐群数量达到场内各种生产设备的最大限度。通过科学配制饲料营养，降低疾病发生，以及加强繁殖期的饲养，提高狐繁殖力和仔狐成活率，来提高产品数量和质量。此外，高质量的养狐场，出售种狐的收入也是很高的。

● （二） 掌握市场信息，迎合市场需求 ●

狐皮受供需关系的影响而市场价格波动，在投资金额相同的情况下，及时了解产业行情，制订养殖生产计划，迎合市场需求，才能保证获取最大收益，绝不能对市场行情不闻不问而闭门搞养殖。

● （三） 加强狐副产品的开发利用 ●

加强狐副产品的开发利用将会带来更高的经济效益。如狐肉与狗肉味道相似，开发特色野味食品，或做成罐头。狐心、狐肺、狐胆入药，与药厂对接等。

如何长期获取最大利润，做到只赚不赔？算好这笔账。养狐利润＝收入－成本－费用，获得最大利润就要获得最大收入并压缩成本和费用，以及规避风险。

参考文献

北欧农业科学家协会.2009. N. J. F. 狐饲养标准［C］.毛皮动物研讨会文集.

耿文静.2010.不同锌水平对银狐生产性能和血液生化指标的影响［D］.中国农业科学院.

耿业业，王大涛，高志光，等.2014.饲粮蛋白质脂肪来源对冬毛期雄性蓝狐生产性能的影响［J］.中国畜牧杂志，09：41－45.

郭俊刚，张铁涛，崔虎，等.2014.低蛋白质饲粮中添加蛋氨酸对冬毛期蓝狐生产性能、营养物质消化率及氮代谢的影响［J］.动物营养学报，04：996－1 003.

郭强，张铁涛，刘志，等.2013.饲粮锌水平对育成期蓝狐生长性能、营养物质消化率及氮代谢的影响［J］.动物营养学报，10：2 497－2 503.

郭强，张铁涛，刘志，等.2014.饲粮锌水平对冬毛期蓝狐生长性能、营养物质消化率、氮代谢及毛皮质量的影响［J］.动物营养学报，05：1 414－1 420.

李光玉，闫喜年.2008.高效养狐技术一本通［M］.北京：化学工业出版社.

刘佰阳，李光玉，张海华，等.2008.不同水平脂肪对冬毛期蓝狐生产性能及消化代谢的影响 [J].经济动物学报，03：131 – 137.

刘凤华，李光玉，刘佰阳，等.2010.狐貉蛋白质及氨基酸营养研究进展 [J].黑龙江畜牧兽医，11：29 – 31.

刘志，吴学壮，张铁涛，等.2014.饲粮铜、锌添加水平对育成期蓝狐生长性能、营养物质消化率及氮代谢的影响 [J].动物营养学报，09：2 706 – 2 713.

刘志，张铁涛，郭强，等.2013.饲粮铜水平对育成期蓝狐生长性能、营养物质消化率及氮代谢的影响 [J].动物营养学报，07：1 497 – 1 503.

美国国家科学研究委员会.1982.NRC 狐饲养标准（第二次修订版）.

朴厚坤，李元刚，阎新华.2010.科学养狐问答[M].北京：中国农业出版社.

孙伟丽，李光玉，刘凤华，等.2011.蓝狐对 11 种鲜饲料原料中干物质和粗蛋白质表观消化率的研究 [J].动物营养学报，09：1 519 – 1 526.

佟煜人、钱国成.1990.中国毛皮兽饲养技术大全 [M].北京：中国农业科技出版社.

阎继业.2001.畜禽药物手册（第二次修订版）[M].北京：金盾出版社.

云春凤，耿业业，张铁涛，等.2012.饲粮蛋白质和脂肪来源对育成前期蓝狐营养物质消化率和氮代谢的影响 [J].动物营养学报，09：1 721 – 1 730.

张海华，李光玉，杨福合，等.2008.低蛋白质日粮中添加赖

氨酸和蛋氨酸对生长前期蓝狐消化代谢及生产性能的影响
[J].动物营养学报，06：724－730.

张铁涛，王卓，郭强，等.2014.饲粮脂肪水平对繁殖期蓝狐
繁殖性能、营养物质消化率、氮代谢及产后体重的影响
[J].动物营养学报，07：1 848－1 855.

张铁涛，张海华，岳志刚，等.2014.不同饲粮脂肪水平对蓝
狐产仔性能和能量消化率的影响[J].饲料工业，19：
47－50.

张婷，钟伟，黄健，等.2014.饲粮脂肪水平对育成期银狐生
长性能、营养物质消化率及氮代谢的影响[J].动物营养学
报，05：1 407－1 413.

张婷，钟伟，罗婧，等.2014.日粮脂肪酸组成对生长期银狐
生长性能、营养物质消化率及氮代谢的影响[J].中国畜牧
兽医，12：141－145.

张婷，钟伟，罗婧，等.2015.饲粮脂肪水平对冬毛期银狐生
长性能、体脂肪酸组成及空肠中小肠型脂肪酸结合蛋白表
达的影响[J].动物营养学报.

张宇，魏海军，李光玉，等.2008.不同锌源对蓝狐毛皮质量、
血清超氧化物歧化酶和乳酸脱氢酶水平的影响[J].特产研
究，04：17－20.

张志强，张铁涛，耿业业，等.2011.饲粮蛋白质水平对雌性
蓝狐繁殖性能的影响[J].动物营养学报，07：1 253－
1 258.

张志强，张铁涛，耿业业，等.2011.准备配种期雌性蓝狐对
不同蛋白质水平日粮营养物质消化率及氮代谢的比较研究

［J］. 中国畜牧兽医，02：25 – 28.

中国土产畜产进出口总公司 . 1980. 狐 ［M］. 北京：科学出版社.

钟伟，鲍坤，张婷，等 . 2015. 饲粮铜水平对冬毛期银狐铜表观生物学利用率及组织器官铜沉积量的影响 ［J］. 动物营养学报.

钟伟，刘晗璐，张铁涛，等 . 2014. 饲粮赖氨酸和蛋氨酸水平对冬毛生长期银狐生长性能、营养物质消化率、血清生化指标及毛皮性状的影响 ［J］. 动物营养学报，11：3 332 – 3 340.

朱维正 . 2005. 新编兽医手册（修订版）［M］. 北京：金盾出版社.

英文缩写中文对照目录

英文缩写	中文	英文缩写	中文
DM	干物质	$kg^{0.75}$	每千克代谢体重
ME	代谢能	KJ	千焦
CP	粗蛋白	Kcal	千卡
DCP	可消化粗蛋白	g	克
EE	粗脂肪	mg	毫克
DEE	可消化粗脂肪	ug	微克
DACB	可消化碳水化合物	d	天
NRC	美国国家科学研究委员会	N	氮
N. J. F	北欧农业科学家协会	℃	摄氏度